이것만은 꼭 알아야 할

채소 도감

이것만은 꼭 알아야 할

채소 도감

초판 1쇄 발행 | 2024년 11월 10일

글쓴이 | 이향안
그린이 | 이수현

펴낸이 | 조미현
책임편집 | 황정원
디자인 | 씨오디 Color of Dream

펴낸곳 | (주)현암사
등록일 | 1951년 12월 24일 · 제10-126호
주소 | 04029 서울시 마포구 동교로12안길 35
전화 | 02-365-5051 · 팩스 | 02-313-2729
전자우편 | child@hyeonamsa.com
홈페이지 | www.hyeonamsa.com
블로그 | blog.naver.com/hyeonamsa
인스타그램 | www.instagram.com/hyeonam_junior

ISBN 978-89-323-7638-7 73480

제조명 도서 **전화** 02-365-5051
제조년월 2024년 11월 **제조국명** 대한민국
제조자명 (주)현암사 **사용연령** 9세 이상
주소 서울시 마포구 동교로12안길 35
주의사항 책 모서리에 부딪히거나 종이에 베이지 않도록 주의해 주세요.
*KC마크는 이 제품이 공통안전기준에 적합하였음을 의미합니다.

이것만은 꼭 알아야 할

채소 도감

현암
주니어

작가의 말

어린 시절엔 채소를 잘 먹지 않았어요. 그때도 어른들은 채소를 먹으라고 했고, 그 이유가 참 궁금했답니다.

“왜 채소를 먹으라는 거지?”

“달지도 않고 맛있지도 않은데, 왜 먹으라는 거지?”

한편으로는 궁금증도 생겼어요.

“채소를 먹으면 건강해진다고? 왜 그런 걸까?”

봄이 여름이 되고, 가을이 겨울이 되는 것처럼 자라면서 궁금증도 같이 커졌어요.

“채소는 어떻게 자라는 걸까?”

“어떻게 우리 집 식탁까지 오는 걸까?”

“채소는 누가, 어디서, 어떻게 처음 발견한 걸까?”

그런 궁금증은 호기심이 되었고, 몰래 채소를 즐기며 유심히 관찰하는 버릇이 생겼어요.

자연스럽게 채소에 대한 공부도 하게 되었죠. 마당에 채소를 기르기도 했어요.

그러자 어느 날, 놀라운 일이 벌어졌어요.

채소들이 말을 걸어온 거예요. 호박, 고추, 상추가 하는 말이 들리는 것 같지 뭐예요.

"목이 말라요."

이 책은 채소들이 직접 말하는 자신의 이야기랍니다.
채소들이 뭐라고 하냐고요?
눈과 귀를 활짝 열고 이 책을 읽어 보세요.
그럼 채소들의 이야기가 들린답니다.
알록달록 각각의 색 만큼이나 다양한 채소들의 이야기!
이야기 속엔 채소의 재미난 역사와 문화도 담겨 있어요.
흥미진진한 과학이 있고, 탐험이 있답니다.

다양하고 흥미로운 채소들의 세계!
지금 시작합니다.

차례

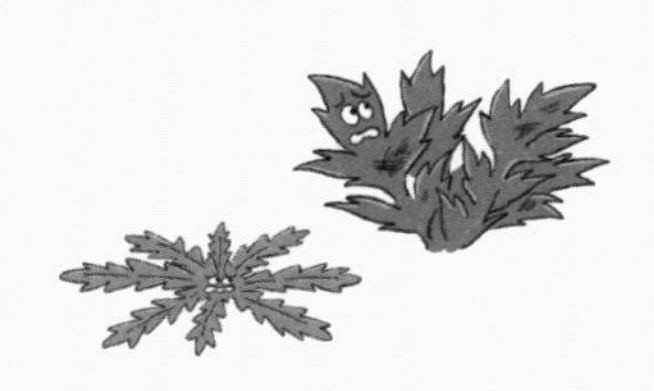

채소

고추 pepper

- **종류** 열매채소
- **원산지** 중남미 열대 지역
- 우리나라에는 임진왜란 때 들어왔는데, 당시에는 '고초' 혹은 '당초'라 불렸음.
- **영양소** 비타민 A와 C가 풍부해서 면역력을 높여 줌. 고추의 매운맛을 내는 성분 캡사이신은 에너지 소비량을 높여 체중을 감소시키는 데 도움을 줌.

고추야, 넌 왜 그렇게 매운 거야?

고추 : 우리 고추의 껍질과 씨에는 매운맛을 내는 성분인 캡사이신이 많이 들어 있어. 그래서 고추를 먹으면 혀끝이 알알하고 매운맛을 느끼게 되지.

왜 매운 성분을 몸에 가지고 있냐고? 그건 우리 고추들이 살아남기 위해서야.

매운 캡사이신은 고추씨를 부패시키는 푸사륨이라는 곰팡이균의 공격을 막아 내 주거든. 푸사륨은 특히 습기가 많은 토양에서 잘 번식해. 그런 토양에서 자란 고추는 푸사륨의 공격을 막기 위해서 캡사이신을 더 많이 만들어 내게 돼. 그래서 다른 지역의 고추보다 더 맵단다.

우리 고추들이 매운 또 다른 이유는 씨를 널리 퍼트리기 위해서야.

잘 익은 우리 몸속에는 고추씨가 가득해. 그런데 이빨이 있는 동물이 잘근잘근 씹어서 먹어 버리면 어떻게 되겠어? 씨앗은 부서져 동물 배 속에서 소화돼 버리고 말 거야. 그래서 우린 스스로를 맵게 만들었어. 이빨이 있는 곤

• 빨갛게 익은 고추들

충이나 벌레, 동물들이 매운 우리를 피하도록 말이야.

그런데 동물 가운데 새가 먹으면 어떻게 될까? 새는 이빨이 없어서 먹잇감을 씹지 않거나 겉살만 씹고 삼켜. 그래서 고추씨가 소화되지 않은 채 똥으로 나오게 되지. 그럼 똥을 영양분 삼아 땅에서 싹을 틔울 수가 있어.

그런데 우리가 미처 생각하지 못한 게 있었지 뭐야. 매운맛을 유난히 좋아하는 인간! 그런 인간들이 있을 줄이야! 흑! 흑!

+ 이것도 궁금해! +

고추의 이름이 영어로 '페퍼pepper'가 된 이유

● 영어로 후추를 '페퍼(pepper)'라고 해. 그런데 고추도 '페퍼(pepper)'야. 왜 그럴까? 그 이유는 콜럼버스의 착각 때문이야.

콜럼버스는 이탈리아 출신의 탐험가인데, 1492년에 금과 향신료를 찾아 스페인에서 배를 타고 인도를 향해 출발했어. 당시(15~16세기) 유럽에서는 인도에서 가져온 향신료인 후추가 인기가 많아서 높은 가격에 거래됐거든.

하지만 콜럼버스의 배는 인도가 아닌 아메리카 대륙의 섬에 도착했어. 스페인에서 인도로 가는 도중에 아메리카 대륙이 있는데, 콜럼버스는 그 사실을 모른 채 그곳을 인도로 착각한 거야. 그래서 그곳을 '인도 서쪽에 있는 섬들'이란 뜻으로 '서인도 제도'라고 불렀어. 아메리카 원주민들도 인도 사람이라는 뜻으로 '인디언'이라고 불렀고 말이야.

콜럼버스는 그곳에서 발견한 고추를 스페인으로 가져가 '페퍼(pepper)', 즉 후추라고 말했어. 왜냐고? 그 이유로 두 가지 설이 전해지고 있어. 하나는 고추를 후추로 착각했다는 거야. 또 하나는 고의로 후추라고 속였다는 이야기지. 하지만 어느 것이 진실인지는 알 수 없어.

고추는 그 뒤로 '레드 페퍼(red pepper, 붉은 후추)'나 '핫 페퍼(hot pepper, 매운 후추)'로 불리게 됐지.

피망과 파프리카! 그 출생의 비밀!

• 피망

피망과 파프리카를 보면 이런 생각이 들지 않아?

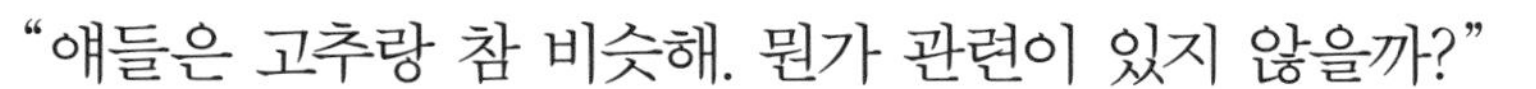

"얘들은 고추랑 참 비슷해. 뭔가 관련이 있지 않을까?"

그래! 맞아! 피망과 파프리카의 탄생에는 고추가 아주 깊이 관련돼 있어.

짜잔! 드디어 밝혀진 피망과 파프리카 출생의 비밀!

아시아, 아프리카, 중앙아메리카와 남아메리카 사람들은 매운 고추를 잘 먹지. 반면 유럽인들은 매운맛을 즐기지 않기 때문에 고추를 주로 향신료로 써 왔어.

그러다 보니 유럽인들도 고추를 채소로 먹고 싶다는 생각을 하게 됐지. 매운맛만 없다면 맛있는 채소로 먹을 수 있을 것 같았거든.

연구 끝에 유럽과 미국에서는 매운맛이 거의 사라진 고추를 만들어 내게 됐지. 고추의 매운 성분인 캡사이신을 없애고, 껍질을 두툼하게 개량해서 만든 피망!

피망은 '고추'를 뜻하는 프랑스 말에서 유래된 이름이야.

헝가리에서는 파프리카를 만들어 냈는데, '파프리카'라는 이름도 '고추'를 뜻하는 헝가리 말이야. 파프리카는 매운맛이 전혀 없고, 피망보다 더 달고 아삭아삭해.

• 파프리카

아! 고추를 개량한 채소로는 꽈리고추도 있어.

파프리카와 노벨상

파프리카 덕분에 노벨상을 받은 학자가 있어.

헝가리의 과학자 엘베르트 센트죄르지는 파프리카에서 추출한 물질이 비타민 C라는 걸 밝혀내며 1937년에 노벨상을 받았거든.

비타민 C는 괴혈병이라는 무서운 병을 예방해 줘. 그런데 당시 사람들은 그 사실을 몰랐어. 그저 오랜 경험을 통해 레몬, 오렌지, 라임 등의 열매를 많이 먹으면, 그 안에 있는 어떤 물질 덕분에 괴혈병이 예방된다고 짐작했을 뿐이었지.

괴혈병이 어떤 병이냐고? 비타민 C가 부족하면 우리 몸의 결합 조직에 이상이 생기면서 기운이 없고, 잇몸과 점막, 피부에서 피가 나거나 빈혈이 생기게 돼. 이것을 괴혈병이라고 하는데, 심하면 면역력이 떨어져서 큰 병이 생길 수도 있어.

고추로 만드는 맛있는 음식

고추잡채, 김치, 고추피클, 고추장아찌,
고추전, 고추멸치볶음, 꽈리고추찜

고추장아찌

토마토 tomato

- **종류** 열매채소
- **원산지** 중남미
- 우리나라에는 중국을 통해 들어옴.
- **동양에서 불리던 명칭** 일년감, 남만시, 서홍시, 오란다나스
- **영양소** 라이코펜, 베타카로틴, 비타민 C, 비오틴, 칼륨 등

토마토야, 너 때문에 미국에선 재판이 벌어졌다지? 왜 그런 거야?

토마토: 1887년에 미국에서 벌어진 '토마토는 채소(vegetable)일까, 과일(fruit)일까?'라는 재판을 말하는 거구나.

사실 지금도 사람들은 종종 날 두고 고개를 갸웃거려. '토마토는 과일인가, 채소인가?' 하고 말이야. 원칙적으로 영어 'fruit(과일)'은 '식물의 먹는 부분 중 씨를 포함한 씨방이 익은 것'을 말해. 그러니까 씨가 들어 있는 나는 과일에 해당하지.

하지만 1800년대 당시 미국에서는 토마토를 채소(vegetable)로 취급했어. 그런데 '수입하는 채소에는 관세를 매기지만 과일에는 관세를 매기지 않는다.'는 법이 생겼어. 당시 미국은 유럽에서 토마토를 많이 수입하고 있어서 토마토 농가들은 위기에 처하게 됐지.

그러자 1887년, 토마토 수입상인 닉스 일가에서 소송을 제기했어. 토마토는 채소가 아니라고 말이야. 그 때문에 '토마토는 채소일까, 과일일까?'를 두고 재판이 벌어졌지.

재판 결과는 어떻게 되었을까?

1893년에 미국 연방 대법원은 토마토를 채소로 판결했어. 판결 이유가 뭐였냐고?

• 토마토

우리나라에서는 과일처럼 후식으로도 먹지만, 미국이나 유럽에서는 날 주로 요리 재료로 사용하거든. 그래서 난 식물학적으로는 과일이지만, 채소로 분류하게 됐지.

+ 이것도 궁금해! +

우리 몸에 좋은 최고의 채소, 토마토

● 유럽에는 이런 속담이 있대.

"토마토가 빨갛게 익으면 의사 얼굴이 파랗게 된다!"

사람들이 잘 익은 토마토를 많이 먹으면 병원에 갈 일이 없기 때문에 의사들이 걱정한다는 뜻이야. 의사가 필요치 않을 정도로 건강에 좋은 식품이란 거지.

그 이유는 항산화제인 라이코펜 때문이야. 붉게 잘 익은 토마토 속에는 라이코펜이 가득해. 라이코펜은 혈전(피가 굳어서 된 조그마한 핏덩이)이 만들어지는 것을 막아 뇌졸중, 심근경색, 암 등을 예방해 줘. 토마토는 비타민 K도 풍부해서 골다공증과 치매 예방에도 큰 도움을 주지. 게다가 비타민 C는 토마토 1개당 하루 섭취 권장량의 절반가량이 들어 있을 정도야. 우와! 대단하지? 최고의 건강 채소로 인정!

토마토가 '토마토'가 된 사연

토마토는 역사가 아주 오래된 채소야. 남미의 고대 문명(아즈텍, 잉카 등)에서는 무려 약 5200만 년 전부터 즐겨 먹은 걸로 알려져 있지.

토마토가 유럽으로 가게 된 건 고추처럼 콜럼버스가 신대륙을 발견할 즈음이야. 당시 스페인이 남미를 정복하면서 토마토를 유럽으로 가져갔지. 그 뒤로 스페인과 이탈리아에서 재배됐어.

이름도 나우아틀어(멕시코 일부 지역에서 지금도 사용하는 나우아족 언어)로 '시토마틀(xitomatl)'이었는데, 스페인으로 넘어가면서 '토마토'로 불리게 됐어.

우리나라에는 조선 시대 광해군 때인 1614년에 학자 이수광이 쓴 책 『지봉유설』에 토마토를 가리키는 '남만시'라는 단어가 나와. 하지만 제대로 재배되기 시작한 건 19세기 초부터야.

독초라는 억울한 누명

• 벨라돈나

처음 유럽으로 넘어갔을 때, 토마토는 억울한 누명을 쓰고 말았어. 유럽인들 사이에 "토마토에는 독이 있어서 먹으면 죽는다."라는 괴소문이 돌았거든.

괴소문의 원인은 독성 식물인 벨라돈나 때문이야. 벨라돈나의 열매 모양이 토마토와 아주 흡사하거든. 벨라돈나와 닮은 토마토를 보고 지레 겁을 먹었던 거지.

괴소문 때문에 생겨난 일화도 있어. 미국이 영국으로부터 독립하기 위해 전쟁을 벌일 당시였어. 영국 첩자였던 요리사가 미군 총사령관이던 조지 워싱턴을 독살할 계획을 세웠어. 조지 워싱턴이 즐겨 먹는 요리에 독을 바를 계획이었어. 그 독이란 바로 토마토!

하지만 독을 바른 요리를 다 먹어 치운 워싱턴은 아무 이상도 없었어. 당연하지! 토마토는 독초가 아니니까 말이야.

이렇게 독초 취급을 받던 토마토는 독이 없다는 사실이 알려지면서 18세기 말경부터 식용으로 쓰이게 됐지.

그런데 사실 토마토의 일부에 독이 있긴 해. 줄기와 잎에 약간의 독성이 있거든. 그러니까 열매만 먹고, 줄기와 잎은 먹으면 안 돼! 배탈이 날 수 있어.

토마토로 만드는 맛있는 음식

피자, 토마토스튜, 토마토카레, 토마토파스타,

가스파초(스페인식 토마토수프)

토마토 요리의 핵심 포인트! 토마토를 더 건강하게 먹고 싶다면 붉게 잘 익은 걸 골라서 사용해! 빨간 토마토 속에 많이 들어 있는 라이코펜은 토마토를 날것으로 먹으면 체내 흡수율이 떨어지거든. 라이코펜은 기름에 익히면 흡수가 잘되니까, 기름에 볶거나 불에 익혀서 먹으면 아주 좋아.

가스파초

감자 potato

- **종류** 줄기채소
- **원산지** 페루, 칠레 등의 안데스 산맥
- 16세기 초, 콜럼버스가 신대륙을 발견했을 때 유럽으로 전해짐. 우리나라는 1820년경 북방에서 전해졌다고 알려짐.
- **이름 어원** '감자'의 옛 이름은 '감ᄌᆞ'였는데, 19세기경부터 '감자'로 불림. '감ᄌᆞ'는 본래 한자어 '감저(甘藷)'에서 온 것.
- **영양소** 탄수화물, 단백질, 무기질, 비타민 C, 칼륨이 풍부하고, 지방이 거의 없음.

감자야, 넌 16세기 무렵에 유럽에서 '악마의 작물'로 불렸다며? 왜 그런 거야?

감자: 그건 독특한 재배 방법 때문이야.

사실 나도 다른 식물처럼 꽃을 피우고 열매도 맺기 때문에 씨앗을 만들어 낸단다. 그런데 사람들은 씨앗을 심지 않고 감자 자체를 심어 싹을 틔우며 재배해. 재배 경험을 통해 열매를 안 맺는 감자가 열매를 맺는 감자보다 크기가 훨씬 크단 걸 알게 됐거든.

난 땅속줄기에 영양분을 저장해 덩이를 형성하는 덩이줄기로, '줄기채소'에 속해. 그러다 보니 씨앗에 영양분을 뺏기지 않으면 덩이줄기가 더 커지게 되는 거지. 그걸 알게 된 사람들은 점점 열매를 맺지 않는 감자를 골라 심었어. 그리고 그 과정을 반복하다 씨감자 재배(감자 자체를 심어서 싹을 틔우는 방법)를 하게 됐지.

그런데 씨감자를 땅속에 묻는 모습이 사람들에게는 마치 죽은 사람을 땅에 묻는 것처럼 느껴졌나 봐. 게다가 당시 사람들은 하늘을 향해 솟아오른 나무에서 열리는 과일이 좋은 거라고 생각했거든. 그렇다 보니 땅속에서 자라는 날 '악마의 작물'이라 부르며 두려워했어. 날 먹으면 살이 썩는 나병에 걸린다는 터무니없는 괴소문도 퍼져 나갔지. 그 때문에 당시 난 아일랜드와 프랑스를 제외한 유럽 다른 지역에서 외면

받았단다. 난 아무 잘못도 없는데 말이야. 흑! 흑!

인류를 구해 낸 최고의 구황 작물, 감자

감자는 인류 역사에서 절대 빼놓을 수 없는 채소야. 예로부터 장마나 가뭄으로 굶주리는 사람들의 배를 든든히 채워 준 구황 작물이거든.

감자의 가장 큰 장점은 장마나 가뭄 등 기후 변화에 상관없이 아주 잘 자란다는 사실! 이처럼 날씨에 영향을 적게 받고, 척박한 땅에서도 잘 자라서 흉년이 든 해에 굶주림을 해결해 주는 작물을 구황 작물이라고 하지.

우리나라 옛말에 '보릿고개'라는 게 있어. 겨울을 지나면서 먹을 게 모두 떨어지고, 보리는 미처 익지 않아 굶주림이 오는 시기인 5월경을 일컫는 말이지. 이 시기에 서민들의 굶주린 배를 채워 준 게 바로 감자였던 거야.

세계 역사 속에서도 감자의 역할은 반짝반짝 빛났어. 곡식이 자라기 힘든 산악 지역에서도 잘 자라는 최고의 식량이 감자였지. 또한 기후로 인한 식량 위기가 닥칠 때도 굶주림을 해결해 주는 고마운 식량이 돼 주었거든.

감자는 인구 증가에도 큰 역할을 했어. 감자가 부족한 식량을 보충해 주는 주요 작물이 되면서, 넉넉해진 식량으로 인구가 증가할 수 있었거든. 감자가 유럽에 본격적으로 도입된 건 1750년경인데, 그 무렵에 유럽의 인구가 폭발적으로 증가한 걸 봐도 알 수 있지.

감자는 그 활용법도 아주 다양해. 삶아서 주식이나 간식으로 먹고, 굽거나 기름에 튀겨 먹기도 좋지만, 알코올이나 공업용 원료로도 쓰이고 있어.

+ 이것도 궁금해! +

짜잔! 감자의 반전

땅속 덩이줄기를 먹는 감자

● '악마의 작물'이란 누명을 썼던 감자!

게다가 담백하고 감칠맛 나는 날 당시 사람들은 '밍밍해서 맛이 없다'고 평가했어.

잉글랜드에서는 이런 사건도 벌어졌지. 감자가 땅속에서 자랄 거라고는 상상 못 한 사람들이 감자잎을 따서 먹은 거야. 사실 감자잎에는 솔라닌이라는 독성 물질이 조금 들어 있어. 결국 감자잎을 먹은 사람들은 배탈이 났고, 감자는 더욱 외면받으며 돼지 등의 가축 사료로 전락하고 말았지.

하지만 반전이 기다리고 있었으니, 기대하시라! 감자의 대반전!

시간이 흐르면서 감자에 대한 편견과 오해가 풀리기 시작했거든.

"아하! 감자는 땅속에서 나는 덩이줄기만 먹는 거구나. 나머지 부분에는 솔라닌이라는 독성이 있으니까 먹으면 안 돼."

"감자는 밍밍한 게 아니라 담백해. 그래서 소금이나 설탕을 쳐 먹으면 아주 맛있어."

"기후 영향도 덜 받고, 거친 땅에서도 잘 자라니 이보다 더 좋은 작물이 어딨겠어?"

게다가 품종 개량을 통해 더 맛있는 감자들이 보급되면서 감자의 인기는 치솟게 됐어. 현재는 세계인의 식탁에 오르는 최고의 인기 메뉴가 될 수 있었지.

그뿐이 아니야. 나사(NASA)에선 감자를 우주 시대의 중요한 식량으로, 화성에서 재배하기에도 문제가 없는 작물이라고 발표했어. 특성에 맞는 품종 개량과 경작 환경을 갖출 수만 있다면 말이야.

히야! 악마의 작물에서 우주 시대의 작물이라니! 반전 중의 대반전!

감자 전쟁

1756년부터 1763년까지 프로이센과 오스트리아 사이에서 벌어진 전쟁을 '칠 년 전쟁'이라고 해. 이 전쟁에서 프로이센이 승리를 거두었는데, 그때 큰 역할을 한 게 바로 감자였어.

전쟁을 벌일 때 승패를 가르는 중요한 요소 중 하나가 바로 식량이야. 싸움을 벌일 군인들의 식량이 부족하면 절대 전쟁에서 이길 수 없으니까 말이야.

프로이센의 황제 프리드리히 2세는 척박한 땅에서도 잘 자라는 감자를 널리 재배하게 했어. 그리고 군대로 하여금 감자의 운반과 재배, 보급까지 담당하게 했어. 그 덕분에 프로이센 군대는 식량 걱정 없이 전투에 전념하고 끝내 승리를 거둘 수 있었지.

그래서 칠 년 전쟁을 '감자 전쟁'이라고 부르기도 해. 프리드리히 2세는 '감자 대왕'이라는 별명을 얻었고 말이야.

감자로 만드는 맛있는 음식

감자옹심이(강원도), 감자떡, 감자수프,

감자전, 감자튀김

• 감자떡

주의할 점! 덩이줄기의 싹이 돋는 부분에는 솔라닌이 들어 있어.
그러니까 싹이 나거나 빛이 푸르게 변한 감자는 그 부분을 잘라 내고 먹어야 해.

가지 eggplant

- **종류** 열매채소
- **원산지** 인도, 인도차이나 반도
- 우리나라는 신라 시대부터 재배됨.
- **이름 어원** 한자어 '가자(茄子)'의 발음이 변해서 지금의 '가지'가 됨.
- **영양소** 칼륨 및 인, 비타민 A, 비타민 K, 비타민 B6, 마그네슘, 아연 등 다양한 비타민과 미네랄, 칼슘이 골고루 들어 있음. 섬유질도 풍부.

가지야, 넌 '여름에 먹기 좋은 최고의 채소'로 꼽히더라. 왜 그런 거야?

가지: 내 몸에는 다양한 영양소가 가득해. 칼륨을 비롯해 마그네슘과 다양한 비타민 등이 골고루 들어 있지.

더운 여름에 약해진 기력을 충전시켜 건강을 되찾아 줄 수 있는 최고의 채소인 거야.

하지만 이런 이유만으로 내가 '여름에 먹기 좋은 최고의 채소'로 불리진 않겠지? 맞아! 그보다 더 확실한 이유가 있어.

내 몸속에 풍부한 칼륨은 이뇨 작용을 일으켜 오줌이 잘 나오게 해. 오줌을 통해 몸속 노폐물이 원활하게 배출되면, 우리의 몸도 기분도 상쾌해지지.

게다가 난 몸의 90퍼센트 이상이 수분으로 이루어진 저칼로리 채소야. 날 먹으면 갈증을 충분히 해소할 수 있지. 여름에 이보다 더 좋은 채소가 있을까?

• 가지꽃

무더운 인도에서 내가 처음 재배된 이유를 알 만하지?

+ 이것도 궁금해! +

정신 나간 사과라고?

● 고대 지중해 사람들은 가지를 먹으면 광기를 일으킨다고 생각했어. 그래서 가지를 '정신 나간 사과(mad apple, 매드 애플)'라 부르며 두려워했다고 해.

가지를 먹으면 정신이 나간다고? 그게 사실일까?

물론 그건 근거 없는 괴소문일 뿐이야. 가지는 다양한 영양분이 풍부한 건강 채소거든.

문제는 너무 많이 먹어서 과다 섭취했을 경우야. 아무리 좋은 음식이라도 과하게 먹으면 부작용이 생기잖아. 가지도 마찬가지야.

특히 몸속에 철분이 많은 사람들이나 신장 결석(신장에 돌이 축적된 증상)에 걸리기 쉬운 환자라면 조심해야 해. 가지에는 렉틴이 함유돼 있어. 렉틴은 식물이 동물이나 곤충, 미생물로부터 자신을 보호하기 위해 만들어 내는 독소거든.

소량의 렉틴은 우리 몸에 유익한 역할을 하지만, 다량으로 섭취하면 복통이나 설사를 일으킬 수 있어. 드물긴 하지만, 면역 반응이나 염증 반응에 이상을 일으킬 수도 있지.

렉틴은 콩, 보리, 땅콩, 현미, 토마토 등에도 들어 있어.

그러니까 꼭 기억해. 아무리 좋은 음식이라도 과다 섭취는 금물!

가지가 자주색인 이유

가지의 껍질이 진한 자주색인 건 나스닌이라는 성분 때문이야. 나스닌은 안토시아닌(꽃이나 과일 등에 주로 포함된 색소) 계열의 색소인데, 햇빛을 받으면 받을수록 진한 자주색으로 변해.

나스닌은 우리 몸의 노화 원인인 활성 산소(생체 조직을 공격하고, 세포를 손상시키는 산소)를 없애고, 혈관을 깨끗하게 해 줘. 피부 노화도 예방하고, 눈의 피로를 줄여 시력을 회복하는 데도 큰 도움을 주지. 게다가 암을 일으키는 물질인 벤조피렌과 아플라톡신, 탄 음식에서 발생하는 PHA 등을 제거하고 억제하는 데도 큰 효과가 있어.

가지 속에는 나스닌 함량이 많기로 소문난 브로콜리와 시금치보다 그 양이 2배나 많이 들었다고 해.

• 자주색 가지

양귀비의 백옥 피부! 그 비결이 가지라고?

양귀비는 당나라 왕인 현종의 왕비로, 중국 최고의 미녀로 꼽히지. 그런 양귀비가 사랑했던 채소 중 하나가 바로 가지야. 양귀비는 곱고 하얀 피부로 유명했는데, 고운 피부를 지키기 위해 가지 팩을 즐겨 했다는 거야.

그런데 가지로 팩을 하면 정말 피부가 고와질까?

딩동댕! 충분히 그럴 수 있어.

가지엔 루페올이란 성분이 풍부해. 루페올은 염증을 진정시켜 주고, 통증을 다스리는 효과가 뛰어나거든. 그래서 여드름, 알레르기 등의 피부 트러블을 예방하고, 염증을 없애 주지.

그 때문에 가지는 화장품 원료로도 많이 쓰이고 있어.

가지로 만드는 맛있는 음식

가지튀김, 가지볶음, 마파가지(중국식 가지볶음),

라타투유(프랑스의 진미 음식으로 알려진 채소 요리)

주의할 점! 가지는 실온에서 보관하는 게 좋아. 낮은 온도에 약해서 8도 이하에서는 가지 속살이 검게 변해 버리거든.

라타투유

옥수수 corn, maize

- **종류** 열매채소
- **원산지** 멕시코부터 남아메리카 북부 지방
- 우리나라에는 16~17세기경 중국을 통해 들어옴.
- **영양소** 탄수화물, 비타민 B1, 비타민 B2, 칼륨이 풍부. 베타카로틴, 아스파라긴산이 풍부해 피로를 회복시켜 줌. 글루탐산이 뇌를 활성화하는 데 도움을 줌.

옥수수야, 지구 환경 문제를 이야기할 때 네 이름이 자주 나오더라. 왜 그런 거야?

옥수수 : 그거야 내가 지구 환경을 지키는 데 큰 도움이 되는 채소이기 때문이지.

혹시 옥수수로 만든 플라스틱이 있단 걸 알아? 인공적으로 만든 플라스틱은 썩지 않는 데다, 태우면 유독 가스가 발생해서 환경 오염의 주요 원인으로 꼽히잖아. 반면에 날 이용해서 만든 옥수수 플라스틱은 시간이 지나면 썩어서 자연으로 돌아가기 때문에 환경을 오염시키지 않지.

게다가 옥수수를 갈아서 만든 녹말 가루인 콘스타치로 공업용 알코올을 만들어서 자동차 기름으로 쓰려는 연구도 이뤄지고 있어. 석유 연료는 자동차 배기가스를 만들어 환경을 오염시켜. 하지만 옥수수로 만든 기름이라면 이런 문제를 해결할 수 있지.

그런데 요즘 내가 너무 억울한 일을 당하고 있어. 정말 속상해 죽겠다고! 내 이야기 좀 들어 봐.

날 가장 많이 생산하는 나라는 미국, 중국, 브라질 등이야. 특히 가축 사료로 대량 생산해서 세계 곳곳에 수출하지. 이처럼 시장에 내다 팔기 위해 재배하는 농작물을 환금 작물이라고 하는데, 대표적으로

대두(콩)와 옥수수 등을 꼽을 수 있어.

그런데 환금 작물로 큰돈을 벌게 되자, 사람들이 울창한 숲의 나무들을 마구 잘라 냈어. 그러고는 그 자리에 옥수수나 대두 농장을 만들기 시작한 거야. 지구의 허파로 불리는 아마존의 열대 우림까지 마구 파괴하면서 말이야.

그 때문에 난 외려 지구 환경에 악영향을 미치는 원인으로 꼽힐 신세가 됐지 뭐야? 이러니 내가 얼마나 억울하겠어! 제발 이런 나쁜 짓 하는 사람들을 혼내 주고, 내 억울한 누명도 좀 벗겨 줘. 흑흑!

+ 이것도 궁금해! +

인류 3대 곡식 중 하나인 옥수수

● 사람들의 식량이 되는 씨를 통틀어 '곡식'이라고 하는데, 인류의 주식이 돼 온 '세계 3대 곡식'이 있어. 쌀과 밀, 그리고 옥수수야.

동아시아에서는 쌀을 재배해 주식으로 삼았고, 유럽과 오세아니아, 중동, 북아메리카, 중앙아시아 등지에서는 밀을 주로 재배했지. 그리고 중앙아메리카와 남아메리카에서는 옥수수를 재배해 주식으로 이용했어.

옥수수는 쌀, 밀과는 비교할 수 없을 정도로 단위 면적당 생산량이 많아. 수확 기간이 짧은 데다가 척박한 환경에서도 잘 자라기 때문이지. 게다가 쌀이나 밀은 복잡한 가공 과정을 거쳐 먹는 반면, 옥수수는 삶거나 구워서 바로 먹을 수 있는 큰 장점을 가지고 있어. 그래서 가축 사료로도 인기가 아주 높아.

옥수수는 그 외에도 활용도가 많아. 포도당이나 올리고당을 만들 수 있고, 접착제의 원료로도 쓰이지. 화장품이나 약품을 만드는 데도 많이 이용되고 있어.

옥수수만 먹으면 걸리는 병이 있다고?

혹시 '펠라그라'라는 병 알아? 이 병은 나이아신(니아신)이라는 영양소가 결핍되면 생기는 병이야. 온몸의 피부가 벌겋게 일어나고 설사를 하며, 심하면 신경 이상까지 생기는 무서운 병이지.

그런데 주식으로 옥수수를 먹는 나라에서는 펠라그라를 앓을 위험이 높대. 옥수수에도 나이아신이 함유돼 있긴 한데, 쌀과 달리 우리 몸에 거의 흡수되지 않는 나이아시틴이라는 형태로 있기 때문이야.

옥수수의 원산지에 살던 아메리카 원주민들은 이 사실을 알고 옥수수를 그냥 먹지 않았어. 낟알을 석회석 가루를 녹인 물로 불려서 조리했다고 해. 이렇게 하면 식감도 좋아지고, 석회수 속 알칼리 성분을 만난 나이아시틴이 나이아신으로 바뀌거든. 그리고 호박 가루나 콩가루 등을 같이 먹어 부족한 영양소를 보충했지.

옥수수는 콜럼버스가 아메리카 대륙을 발견한 이후 유럽으로 전해졌는데, 당시 유럽인들은 이런 사실을 몰랐어. 그래서 옥수수를 주식 삼아 먹던 서민층에서는 한때 펠라그라가 무섭게 퍼져 나갔지. 그러다가 1914년에 의사이자 과학자인 조셉 골드버거가 역학 조사를 통해 나이아신 결핍이 원인이라는 사실을 알아냈어. 그러고서야 펠라그라의 유행이 가라앉게 됐어.

옥수수 껍질 인형

• 옥수수 껍질로 만든 인형

아메리카로부터 옥수수가 전파된 슬로바키아와 체코 등의 동부 유럽 나라들에서는 옥수수 껍질 인형이 유명해. 옥수수 껍질로 만든 이 전통 인형은 북아메리카 원주민 이로쿼이족 마을에서 처음 만들어진 인형이야.

이 인형에는 재미난 전설이 전해지고 있어.

아주 먼 옛날, 이 마을에 살던 사람들은 옥수수와 콩, 호박을 '생명을 공급하는 세 자매'로 여기며 신성하게 여겼다고 해. 그러자 세 자매 중 하나로 꼽힌 걸 기뻐한 옥수수 영혼이 신에게 찾아가 마을 사람들을 위한 일을 하고 싶다고 말했어.

신은 옥수수 껍질로 인형을 하나 만들고 예쁜 얼굴을 그려 넣은 뒤, 이로쿼이 마을로 보내 아이들을 돌보게 했지. 어른들이 농사를 지으러 가면 아이들을 돌볼 사람이 없었거든. 인형은 열심히 아이들을 돌봤고, 사람들은 그런 인형을 고마워하며 예쁜 얼굴을 칭찬했어.

그런데 어느 날 옥수수 껍질 인형이 물에 비친 자신의 얼굴을 본 뒤 자만심에 빠졌지 뭐야.

"이렇게 예쁜 얼굴로 아이들이나 돌보며 사는 건 너무 억울해."

그 뒤로 아이들 돌보는 일도 소홀해졌지. 일을 안 하면 벌을 주겠다는 신의 경고도 무시하고 말이야.

화가 난 신은 옥수수 껍질 인형에게 올빼미를 보내 물에 비친 그녀의 얼굴을 낚아채 버리게 했어. 옥수수 껍질 인형은 얼굴을 잃고 만 거야.

그래서 옥수수 껍질 인형은 얼굴이 없는 독특한 모양을 하고 있지.

알갱이가 많은 옥수수 고르는 법

옥수수는 한 그루에 수꽃과 암꽃이 함께 피어나. 수꽃이 나오고 2~3일 뒤면 수꽃 아래쪽으로 수염처럼 생긴 게 나와. 이게 바로 암꽃으로, 흔히 '옥수수수염'이라고 부르는 거지.

수꽃의 꽃가루가 날아서 암꽃의 수염에 붙으면, 꽃가루는 긴 수염 속을 지나가 꽃가루받이가 이루어져. 씨가 열리는 거지.

• 동그라미 친 부분이 옥수수 암꽃인 옥수수수염(왼쪽)과 수꽃(오른쪽)

알갱이가 풍성한 옥수수들

우리가 먹는 옥수수 알갱이 하나하나가 바로 씨로, 옥수수수염 수와 알갱이 수는 같아. 그러니까 알갱이가 많은 옥수수를 고르고 싶다면, 수염이 풍성한 걸 고르면 돼.

옥수수로 만드는 맛있는 음식

군옥수수, 타코(옥수수 반죽인 또띠아에 구운 고기와 야채를 넣고, 반달 모양으로 접어 먹는 멕시코 전통 음식), 옥수수수프, 옥수수빵, 옥수수전

타코

무 radish

- **종류** 뿌리채소
- **원산지** 지중해 연안과 서아시아
- 우리나라에서는 삼국 시대부터 재배됨.
- **영양소** 비타민 A, 비타민 C, 비타민 E와 엽산, 칼륨이 풍부.

무야, 널 왜 '무청'이나 '시래기'라고도 부르는 거야?

무 : 그건 내가 아주 잘난 채소라서 그래. 흠! 흠!

난 잎, 줄기, 하얀 뿌리까지 모두 먹을 수 있는 채소거든. '무'로 불리는 뿌리만이 아니라, 줄기와 잎까지도 몽땅 요리 재료로 사용된다는 거지.

특히 잎과 줄기를 '무청'이라고 하는데, 사실 난 뿌리보다 잎사귀에 영양이 더 많아. 칼슘, 철, 칼륨 같은 미네랄이 뿌리보다 몇 배나 더 많이 들었거든.

그러다 보니 웰빙 시대 음식으로 무청의 인기가 높아지고 있지.

푸른 무청을 새끼줄 등으로 엮어서 겨우내 말린 걸 '시래기'라고 해. 시래기는 특히 겨울철에 모자라기 쉬운 비타민과 미네랄, 그리고 식이섬유소를 보충해 주는 식재료로 인기가 높단다. 그리고 옛날 우리 조상들은 시래기를 필수 식재료로 여기며 소중하게 생각했어. 냉장고나 비닐하우스가 없던 옛날에는 겨울철이면 채소를 먹기가 힘들었잖아.

• 시래기나물

• 말린 무청인 시래기

그래서 집집마다 시래기를 준비해 두고 겨우내 국을 끓이거나 볶아서 먹었지.

참! '시래기'와 '우거지'를 헷갈리면 안 돼. 배춧잎을 말린 건 '우거지'라고 하거든. 우거지도 조상들이 겨울철에 비타민과 미네랄을 보충하기 위해 준비하던 필수 식재료야.

• 무밭의 무

+ 이것도 궁금해! +

무가 중국으로 전해진 길, 실크 로드

● 무가 우리나라에서 재배된 건 삼국 시대 무렵인데, 중국에서 전해졌다고 해. 그럼 무의 원산지는 중국인 걸까?

아니야. 배추와 파는 중국이 원산지이지만, 무는 이집트가 원산지로, 기원전부터 먹어 온 역사가 오래된 채소야. 이집트의 무가 중국으로 전해진 건 실크 로드를 통해서야.

실크 로드는 무려 2000여 년 전부터 중국과 유럽을 이어 주던 무역로야. 총길이가 6,400킬로미터에 달하는 어마어마하게 긴 길이지. 이 길을 통해 유럽과 동양의 문명이 교류할 수 있었는데, 이 길로 중국의 비단을 유럽에 실어 나르면서 '실크 로드(비단 길)'라 부르게 됐어.

실크 로드를 통해 채소의 씨앗도 오고 갔는데, 무 씨앗도 이때 중국으로 전해지게 된 거야. 그 뒤 중국을 통해 우리나라로 전해진 거지.

실크 로드를 통해 중국에서 우리나라로 전해진 채소로는 무 말고도 시금치, 가지, 당근, 오이, 우엉, 수박, 생강, 연근 등이 있어.

왜 '총각무'라 부를까?

무 중에 총각무라는 게 있어. '알타리무', '달랑무'라고도 부르지. 뿌리가 엄지손가락 모양으로 작고 끝이 길며, 무청이 연한 어린 무를 말해.

이런 무를 왜 하필 '총각무'라고 부르게 된 걸까?

옛날에는 장가를 안 간 젊은 남자들이 주로 양쪽 머리를 갈라서 동여매거나, 뒷머리를 한데 모아 봉긋한 뿔 모양을 하고 다녔어. 이 머리를 '총각'이라 불렀지. 그 때문에 이 길고 봉긋한 머리 모양을 닮은 무도 '총각무'라고 부르게 된 거야. 총각무로 담근 김치는 '총각김치'라 부르고 말이야.

• 총각김치

위에 특히 좋은 채소, 무

무는 우리나라에서 음식 재료로 가장 많이 사용하는 채소 중 하나야. 흰 무는 김치를 담글 때 없어서는 안 될 주재료잖아. 피클이나 단무지의 재료이기도 하고 말이야.

무는 특히 위에 좋아. 무(뿌리)는 대부분 수분으로 이루어졌지만, 식이 섬유와 아밀라아제가 풍부해. 아밀라아제는 위장의 기능을 돕는 소화 효소로, 속 쓰림과 더부룩함을 예방해 주지.

무를 갈거나 자를 때는 알싸한 매운맛을 느낄 수 있을 거야. 이 독특한 맛은 무에서 아이소싸이오사이아네이트라는 성분이 나오기 때문인데, 이 성분도 위에 좋아. 아이소싸이오사이아네이트는 높은 항암 효과를 가진 성분으로, 특히 위암이나 결장암, 식도암 등에 효과가 있다고 해.

무로 만드는 맛있는 음식

무채볶음, 소고기뭇국, 깍두기,
열무김치, 무말랭이무침, 동치미

깍두기

**아이소싸이오사이아네이트는 열을 가하면 없어져.
그러니까 무는 가능한 한 생채소로 먹는 게 좋아.**

특별 취재 수첩

초록 채소, 노란 채소, 빨간 채소, 자주 채소, 하얀 채소 중 누가 최고일까!

- 색깔도 알록달록 다양한 채소!

색깔에 따라 영양소도 다르다지?

과연 어떤 색의 채소에 가장 좋은 영양소가 담겼을까?

채소들에게 직접 들어 보자.

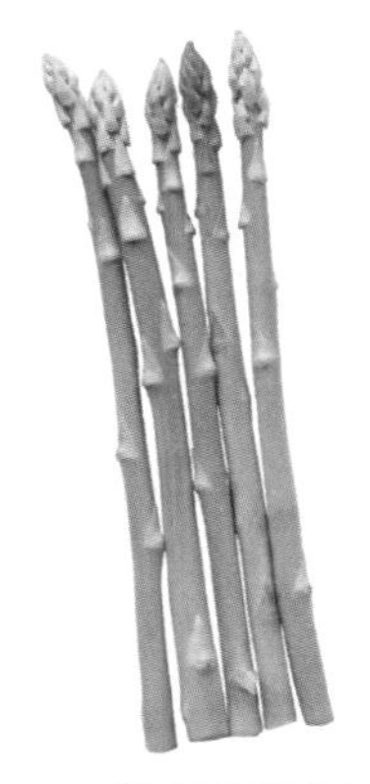

아스파라거스

초록 채소!

채소라면 역시 우리 초록이들이 최고지.

싱그러운 초록 채소에는 베타카로틴, 이스티오시아네이트 등의 영양소가 풍부하거든. 그래서 눈 건강에도 좋고, 뼈 건강에도 최고야. 세포를 만드는 데도 큰 도움을 준다고!

우리 몸에 있는 풍부한 비타민과 무기질이 피로를 풀어 주고, 면역력을 높여 준다는 사실도 잊으면 안 돼!

노란 채소!

우리 노랑이들에게는 알파카로틴과 베타카로틴, 그리고 루테인 등의 영양소가 많아. 그래서 면역력을 높여 주면서 눈과 세포 건강에 큰 도움을 주지. 피부를 재생하는 데도 도움이 돼.

성장기 어린이들에게는 더없이 좋은 채소가 바로 우리 노랑이인 거지.

옥수수

빨간 채소!

붉은색에는 라이코펜과 엘라그산 등의 영양소가 풍부해서 면역력을 높여 주고, 노화를 방지해 줘.

콜레스테롤 수치도 낮춰 주고, 혈관도 튼튼하게 해 주지. 암 예방에도 큰 효과가 있단 말씀!

토마토

비트

자주 채소!

우리 자주색 채소들은 어린이 건강에 정말 좋아. 우리를 많이 먹으면 뇌가 튼튼해지고, 뼈도 튼튼해지거든.

우리 자주색에는 안토시아닌, 레스베라트롤 등의 영양소가 많이 들었기 때문이지. 심장을 튼튼하게 해 준다는 사실도 잊지 마.

하얀 채소!

우리 하양이들에게는 알리신, 케르세틴 등이 듬뿍 들었어. 그래서 뼈와 혈관을 튼튼하게 해 주지!

면역력을 높여 주기 때문에 우리를 많이 먹으면 건강한 몸을 유지할 수 있어.

콜리플라워

고구마 sweet potato

- **종류** 뿌리채소
- **원산지** 중앙아메리카인데, 지금은 중국에서 세계 생산량의 60퍼센트 이상을 생산.
- 우리나라에서는 조선 영조(1763년) 때 조선 통신사 조엄이 일본 쓰시마섬에서 고구마를 처음 봤고, 이듬해부터 기르기 시작했다고 함.
- **영양소** 녹말, 비타민 C, 칼륨. 껍질이 보라색을 띠는 건 안토시아닌이라는 색소 성분 때문.

고구마야, 넌 왜 변비를 예방하는 채소로 꼽히는 거야?

고구마 : 내 몸에는 식물성 식이 섬유가 풍부하기 때문이지. 식이 섬유는 위, 십이지장, 대장, 직장 등의 활동을 활발하게 해서 변비를 예방하거든. 또한 장속에 이로운 세균을 늘려 배설을 촉진시켜 줘.

날 생으로 자르면 알라핀이라는 하얀 액체가 나오는데, 우리 고구마에만 들어 있는 성분이야. 식이 섬유와 함께 변비를 예방해 주지.

여기서 잠깐! 고구마를 더 건강하게 먹을 수 있는 정보 하나!

난 익혀서 먹는 게 건강에 더 좋아. 나의 주성분인 녹말은 익히면 맛이 더 좋아지고, 소화도 잘되거든. 그래서 옛 조상들은 소화가 안 될 때 고구마와 쌀을 섞어 죽으로 쑤어 먹었어.

하지만 과식은 금물! 너무 많이 먹으면 아마이드라는 성분이 장속에서 이상 반응을 일으켜. 그러면 속이 더부룩해지면서 방귀를 많이 뀔 수 있거든.

하지만 너무 걱정할 건 없어. 이럴 땐 동치미를 같이 먹으면 되니까 말이야. 동치미는 무로 만드는데, 무는 소화를 돕는 효소가 풍부한 채소잖아. 동치미는 장속에 가스가 차는 걸 예방해 준단다.

+ 이것도 궁금해! +

감자는 줄기채소, 고구마는 뿌리채소

- 고구마와 감자는 공통점이 많아. 둘 다 구황 식물이고, 땅속에서 자라는 부분을 먹잖아. 하지만 감자는 맛이 담백한 반면, 고구마는 단맛이 더 강하지.

  감자와 고구마의 가장 큰 차이점은 바로 먹는 부위!

  감자는 줄기를 먹지만, 고구마는 뿌리를 먹거든. 고구마에는 잔뿌리가 많이 붙어 있는데, 고구마는 이 뿌리들 중 한 부분이 살쪄서 생긴 뿌리채소야.

  그런데 감자와 고구마는 옛 이름이 둘 다 '감저'야. 왜 그럴까?

  본래 '감저(甘藷)'는 고구마의 옛날 이름으로, '달콤한(甘) 마(藷)'라는 뜻이야. 마같이 생겼는데 단맛이 난다고 붙여진 이름이지.

  반면에 감자는 '북에서 전해진 감저'라는 의미로 '북감저', '북저'라고 불렀어. 감자는 고구마보다 60년이 늦은 1824년 무렵 청나라에서 함경도로 처음 전해졌거든. 그러다가 '북'이라는 접두어를 떼어 버리고 그냥 '감저'로 불리게 됐어. 그리고 '감저'라고 불리던 고구마는 '남감저'로 불리다가 '고구마'로 이름이 바뀌었지.

  '고구마'는 일본의 대마도 사투리에서 비롯된 말이야. 일본어 발음인 '고우시마(こうしま)'를 한자로 '고귀위마(古貴爲麻)'로 옮겨 표기하면서 '고구마'로 부르게 됐어.

줄기를 먹는 감자

뿌리를 먹는 고구마

감자와 고구마를 닮은 채소

감자와 고구마는 생김새가 닮았지. 그리고 감자와 고구마를 닮은 채소도 많아. 그럼 이런 채소들은 어느 부분을 먹을까?

* 감자처럼 땅속줄기를 먹는 채소: 토란, 구약나물, 연근 등
* 고구마처럼 뿌리를 먹는 채소: 카사바, 도라지, 더덕 등

고구마꽃과 감자꽃

고구마는 메꽃과 채소이고, 감자는 가짓과 채소야. 그래서 꽃 모양도 아주 달라.

고구마꽃은 나팔꽃이나 메꽃과 비슷해. 어때? 알록달록 예쁜 나팔처럼 생겼지?

반면에 감자꽃은 가지꽃이나 토마토꽃과 닮았어. 색은 각각 달라도 꽃 모양이 모두 다섯 갈래로 나뉜 오각형 모양이거든.

고구마꽃 나팔꽃

감자꽃 토마토꽃 가지꽃

고구마로 만드는 맛있는 음식

고구마튀김, 고구마죽, 맛탕,
고구마수프

맛탕

연근 lotus root

- **종류** 줄기채소
- **원산지** 아시아 남부, 호주 북부
- 우리나라에는 불교와 함께 들어왔는데, 그 시기는 정확하지 않음.
- **영양소** 탄수화물, 지방, 단백질, 엽산, 콜린, 칼슘, 마그네슘, 망간, 인, 칼륨, 나트륨, 아연 등

연근아, 널 왜 '땅속의 보약'이라고 하는 거야?

연근 : 말 그대로 난 '보약' 같은 채소니까 그렇지.

허약해진 몸을 건강하게 해 주는 게 보약이잖아. 영양소가 풍부한 날 즐겨 먹으면 정말 건강해지기 때문에, 예로부터 사람들은 날 그렇게 불렀어.

내 몸에는 탄수화물을 비롯해 지방, 단백질, 콜린, 칼슘 등이 풍부하게 들어 있어. 그래서 건강식품으로 꼽히지.

날 잘라 보면 미끈미끈한 점액이 있는데, 그 속에는 뮤신이라는 성분도 있어. 뮤신은 기름진 고기를 먹을 때 소화가 잘되게 해 주기 때문에 몸에 아주 좋아.

연(蓮)은 옛날부터 건강에 좋다고 알려지며 열매와 잎, 연밥과 연꽃까지도 모두 약재로 쓰여 왔어. 열매는 불안한 마음을 안정시키는 데 효능이 있고, 잎은 혈액 순환에 아주 좋아. 종기가 생겼을 땐 연꽃을 찧어서 붙이면 잘 나아.

연근인 난 연의 줄기야. 감자처럼 땅속에서 나는 덩이줄기거든. 그래서 '땅속의 보약'이라고 불리게 된 거야.

+ 이것도 궁금해! +

베트남의 국화, 연꽃

• 연꽃은 아름답기로 유명해. 늪이나 진흙 속에서 자라지만, 깨끗한 모습으로 고고하게 피어나. 특히 베트남 사람들은 이런 연꽃을 아주 좋아하지. 그래서 베트남에서는 2011년 6월에 연꽃을 '나라를 상징하는 꽃'인 국화로 확정했어.

베트남 사람들은 밝고 순수한데, 연꽃이 이런 민족성을 잘 나타내 주는 상징적인 꽃이라고 생각한 거야.

연꽃은 진흙탕에서 자라지만 악취가 나지 않고, 검은 진흙에 물들지 않아. 이런 특성 때문에 베트남 사람들은 어려운 환경에서도 결코 악에 물들지 않는 사람을 보면 '연꽃처럼 사는 사람'이라고 말하기도 해.

• 활짝 핀 연꽃

『심청전』에 나오는 연꽃

연꽃은 불교를 상징하는 꽃이기도 해.

불교에서는 연꽃을 부처님의 탄생을 알리려고 핀 꽃으로 생각하거든. 그리고 흙탕물에서 자라면서도 더러움에 물들지 않고 아름다운 꽃을 피우는 연을 신성하게 생각하지.

그래서 연을 힘과 생명, 창조를 상징하는 식물로 여겨.

이런 생각은 우리 조상들도 마찬가지였는데, 『심청전』 이야기 속에 그 생각이 잘 드러나 있어.

앞 못 보는 아버지의 눈을 뜨게 하려고 심청이는 공양미 삼백 석을 받고 인당수에 빠져 죽어. 그러나 새 생명을 얻으며 한 송이 연꽃에 담겨 인간 세상으로 다시 보내져. 그리고 왕비가 돼 행복하게 살게 되지.

우리 조상들도 연을 '생명과 힘, 장수와 부귀'의 상징으로 여기며 신성시했던 거야.

이율곡과 신사임당의 보약 음식

연근을 갈아서 끓인 연근죽은 약해진 몸과 기력을 보충해 주는 음식으로 유명해. 그래서 예로부터 몸이 상하면 연근죽을 만들어 먹었어.

조선 시대 대표적인 학자 이율곡도 연근죽을 좋아했나 봐. 어머니인 신사임당이 병이 들어 몸이 허약해졌을 때, 율곡은 연근죽을 끓여서 어머니의 몸을 돌봤다고 하지.

이율곡은 신사임당이 죽자 삼년상을 치르며 슬퍼했는데, 그 때문에 건강이 많이 나빠졌어. 그때도 연근죽을 먹고 기운을 차렸다고 해.

연근은 생으로 먹어도 좋고, 조리를 해서 먹어도 몸에 좋아. 생으로 갈아서 먹으면 갈증을 없애는 데 좋고, 쪄서 먹으면 약해진 기력을 회복시켜 주는 효과가 있지.

연근으로 만드는 맛있는 음식

연근튀김, 연근조림, 연근전,

연근샐러드

* 연잎 요리: 연잎밥(연잎으로 밥을 싼 연잎밥에서는 그윽한 연잎 향이 나.)

연근조림

당근 carrot

- **종류** 뿌리채소
- **원산지** 서아시아, 아프가니스탄
- 지금은 중국에서 많이 생산됨.
- **영양소** 베타카로틴, 비타민 B1, 칼륨 등의 미네랄이 풍부함.

당근아, 붉은 당근, 노란 당근, 하얀 당근도 있었다며? 왜 지금은 오렌지색 당근만 있는 거야?

당근: 맞아. 예전의 난 색깔이 아주 다양했어. 붉고, 노랗고, 하얗거나 보라색인 당근도 있었거든.

현재 사람들이 가장 많이 먹는 오렌지색 당근은 1500년대에 네덜란드에서 탄생했어.

그 당시 유럽 사람들은 다양한 색 당근 가운데서 유난히 노란색 당근을 좋아했어. 당근수프를 끓일 때 노란색 당근으로 끓인 수프가 색이 가장 예뻐 보였거든. 다른 색 당근수프보다 노란색 당근으로 조리한 수프가 맛있게 보였지.

그러다 보니 사람들은 노란색 당근을 주로 심고 재배하기 시작했지. 그리고 자라난 당근 중에서 노란색이 가장 진한 당근의 씨를 골라 다음 해에 다시 심었어. 그렇게 반복하다 보니 노란색이 점점 진해지면서 오렌지색 당근이 등장한 거야.

오렌지색 당근은 다른 색 당근보다 달콤하고 맛이 좋아. 요리를 할 때 펄펄 끓여도 색이 선명하고 말이야. 그 때문에 오렌지색 당근은 금세 인기 당근이 되며 세계 곳곳으로 퍼져 나갔지.

+ 이것도 궁금해! +

당근의 고향은 아프가니스탄

● 당근의 원산지인 아프가니스탄은 동양과 서양의 무역 통로였던 실크 로드의 중간 지점에 있어. 그 덕분에 당근은 실크 로드를 오가는 상인들에 의해 동양의 중국이나 서양의 유럽으로 퍼져 나갈 수 있었어.

그런데 당근은 심어 놓은 땅의 특성에 따라 색이 다르게 자랐어. 동양으로 전해진 당근은 주로 붉은색, 노란색, 흰색이나 보라색이 됐어. 중국을 거쳐 우리나라(조선)로 전해진 당근은 붉은색이거나 노란색이었어.

서양의 당근 색도 마찬가지였어. 아프가니스탄에서 서양으로 간 당근은 튀르키예를 거쳐 지중해로 전해졌어. 그리고 다시 이탈리아, 프랑스, 영국 등 유럽 국가로 건너가며 붉은색, 노란색, 흰색, 보라색 등 다양한 색깔로 자라났지.

비타민 A의 황제, 당근

당근은 '비타민 A의 황제'로 불려. 당근 속에는 베타카로틴이라는 영양소가 듬뿍 들었기 때문이야. 베타카로틴은 사람의 몸속에서 비타민 A로 변해. 비타민 A는 눈이 나빠지는 걸 예방해 주고, 피부를 건강하게 만들어 주지.

잠깐, 상식 하나!

'카로틴(carotene)'이라는 영양소의 이름은 당근의 영어 이름인 '캐롯(carrot)'에서 비롯됐어.

• 당근밭

1831년, 독일의 과학자 바켄로더는 처음으로 당근 뿌리에서 노란색, 붉은색, 자주색을 띠는 색소를 찾아냈어. 그래서 '캐롯(당근)'이라는 영어 이름에서 따와 '카로틴'이라고 이름을 붙여 주었지.

당근에는 베타카로틴 외에도 비타민 B1이나 칼륨 같은 미네랄이 풍부하게 들어 있어. 이런 미네랄은 피로를 풀어 주는 효과가 탁월하지.

어여쁜 당근꽃

당근꽃

미나리꽃

셀러리꽃

당근꽃은 하얀색 작은 꽃이 뭉쳐져서 동글동글 아주 예뻐. 그래서 옛날 영국 사람들은 모자에 새의 깃털 대신 당근꽃을 달아 장식하기도 했대.

당근꽃은 어떤 채소의 꽃과 비슷할까?

채소는 꽃을 보면 어떤 채소와 친척 관계인지를 알 수 있거든.

당근꽃은 미나리꽃, 셀러리꽃과 비슷해.

어때, 정말 비슷하지?

실제로 당근과 셀러리는 미나리과에 속하는 식물이야.

당근을 오래 보관하는 방법

당근은 다른 채소들에 비해 보관이 쉽고, 보관 기간이 긴 편이야.

표면의 흙을 깨끗이 씻고 물기를 제거한 뒤, 밀봉해서 냉장 보관하면 꽤 오래 두고 먹을 수 있지. 흙이 묻은 것도 그대로 신문지에 싸서 그늘지고 서늘한 곳에 보관할 수 있어.

당근을 잘라서 쓰고 난 뒤 남았을 땐 자른 단면에 물을 뿌린 뒤에 랩으로 밀봉해 냉장고에 보관해. 그럼 잘 시들지 않아.

이처럼 채소를 보관할 땐 각 채소의 특성에 맞는 방법을 알아보고, 적당한 방법을 찾는 게 좋아.

당근으로 만드는 맛있는 음식

당근수프, 당근머핀, 당근케이크,
당근절임, 당근주스

카로틴은 기름과 함께 먹으면 몸에 흡수가 잘돼. 그러니까 당근은 기름에 볶아 먹으면 몸에 더 좋아.

당근머핀

파 green onion

- **종류** 잎줄기채소
- **원산지** 중국 서부, 시베리아
- **영양소** 펙틴, 베타카로틴, 엽산, 비타민 C, 셀레늄 등

파야, 감기에는 파가 좋다고 하더라. 왜 그런 거야?

파: 왜긴 왜야? 내 몸에는 감기에 좋은 성분이 아주 많기 때문이지.

감기 예방에는 면역력이 중요한 거 알지? 나의 초록색 잎과 줄기에는 면역력을 높여 주는 베타카로틴, 엽산, 비타민 C가 풍부해.

게다가 셀레늄도 많은데, 면역력을 높여 주고, 바이러스와 세균이 몸에 침투하지 않게 도와주는 역할을 하지. 그래서 날 많이 먹으면 감기 예방에 효과가 있고, 감기가 낫는 데도 도움을 줘.

파 특유의 매운 향도 몸에 아주 좋아. 그 향이 나는 건 황화 알릴이라는 성분 때문인데, 혈액 순환을 원활하게 해서 몸을 따뜻하게 해 주지. 파는 살균 작용도 뛰어나서 목이 아플 때도 증상을 완화시켜 줘. 난 호흡기의 염증을 억제시켜 인후통과 가래를 줄여 주기도 해.

어때? 이 정도면 '자연이 준 감기약'이라고 불러도 되겠지?

• 대파밭

+이것도 궁금해!+

대파, 실파, 쪽파, 어떻게 다르지?

- 우리나라 사람들이 주로 먹는 파는 대파와 실파, 그리고 쪽파야.

대파는 모종이 따로 있지만, 어린 파인 실파를 계속 키우면 대파가 되기도 해. 대파는 길이가 40센티미터 이상 크는 것도 있는데, 수확 시기에 따라 여름 대파와 겨울 대파로 나뉘어져. 대파는 맛과 향이 강해서 주로 국이나 찌개 요리를 할 때 양념으로 사용하지.

실파는 대파보다 수분이 적고 매운맛이 덜해서 요리를 장식하는 고명이나 양념으로 이용해.

쪽파는 파와 양파를 교배한 교잡종으로, 대파나 양파와는 품종이 달라. 겉모습이 실파와 비슷해 보이지만, 뿌리 부분을 보면 다른 걸 알 수 있어. 쪽파는 뿌리 부분이 실파보다 둥글고 볼록하거든.

쪽파는 다른 파보다 맛이 순하고 자극적인 냄새가 적어서 요리에 많이 활용돼. 파전이나 파김치를 할 땐 주로 쪽파를 사용하지.

이렇게 도표로 보면 더 쉽게 구분할 수 있어.

종류	대파 	쪽파 	실파 
크기	가장 크다.	대파와 실파의 중간 크기.	가장 작다.
맛	매운맛과 특유의 향이 진하다.	향이 대파보다 덜하고, 매운맛이 강하지 않다.	수분이 적고, 매운맛과 향이 가장 순하다.
특징	크기가 크다.	뿌리 부분이 둥글다.	뿌리 부분이 일자 모양이다.
요리 활용법	육수, 찌개나 국의 양념, 생선 요리 양념 등.	파김치, 파전으로 사용.	고명, 양념장, 파무침으로 주로 사용.

파는 어느 부분을 먹을까?

파에서 우리가 주로 먹는 부분은 잎과 줄기 부분이야. 그래서 잎줄기채소라고 하지.

파의 줄기는 비늘줄기야. 비늘줄기란 땅속줄기나 뿌리에 양분이 저장돼 동그랗거나 덩어리 모양으로 된 부위를 말해.

땅속에서 자란 파 줄기는 햇빛을 잘 못 받아서 광합성을 충분히 못해 초록색보단 흰색 부분이 많지.

파는 비늘줄기를 심거나 씨앗을 뿌려서 길러. 실파나 대파는 씨앗을 뿌려서 기르고, 쪽파는 비늘줄기를 심어서 기르지.

• 흰 줄기 부분이 비늘줄기

미역국에는 왜 파를 안 넣지?

요리를 할 때 재료 사이에도 궁합이라는 게 있어.

예를 들어 된장국을 끓일 때는 꼭 파를 넣어. 그러면 강한 파 향이 된장 특유의 텁텁한 맛을 잡아 주며 감칠맛을 더해 주지.

생선이나 고기 요리를 할 때도 파를 이용하면 같은 효과를 볼 수 있어.

그런데 미역국을 끓일 때는 파를 넣지 않아. 왜 그럴까?

미역은 칼슘과 요오드가 풍부한 저열량 식품이야. 파에는 황 화합물이 포함되어 있는데, 이 성분이 요오드의 체내 흡수를 방해하는 역할을 하거든.

게다가 맛에서도 둘의 만남은 좋은 결과를 가져오지 않아. 그래서 미역과 파는 음식으로 보면 바람직하지 않은 조합이라고 할 수 있어.

파로 만드는 맛있는 음식

해물파전, 닭꼬치, 파무침, 파김치

• 해물파전

파에 든 풍부한 **비타민 C**는 열에 약하기 때문에 가능한 한 가열하지 않고 생으로 먹는 게 좋아.

배추 kimchi cabbage

- **종류** 잎줄기채소
- **원산지** 중국
- 우리나라에서는 고려 시대부터 재배됨.
- **영양소** 비타민 C, 비타민 K , 칼륨, 엽산 등

배추야, 널 '우리나라 4대 채소' 중 하나라고 하더라. 왜 그런 거야?

배추: 그 이유를 모른다고?

생각해 봐. 우리나라 사람들이 가장 많이 먹는 음식이 뭐야? 봄, 여름, 가을, 겨울, 사계절 내내 밥상에 올라오는 음식이 있잖아.

그래! 김치!

그 김치를 만들 때 꼭 필요한 채소가 뭐야? 바로 나, 배추잖아.

김치를 만들 땐 무도 들어가고, 고추와 마늘로 양념을 해야 해. 그래서 난 무, 고추, 마늘과 함께 한국의 4대 채소로 당당히 꼽히고 있지.

그런데 이 재료들 중 최고는 누굴까?

당연히 나, 배추란 말씀!

김장을 담글 때 내가 없다고 상상해 봐. 그야말로 '팥 빠진 팥빵'이잖아. 그러니까 '으뜸 국민 채소'라고 불러 줬으면 좋겠어. 흠!

• 김치

뭐? 내 이름이 왜 '배추'냐고?

배추는 중국에서 들어온 채소야. 그렇다 보니 중국에서 부르던 '백채(白菜)'라는 이름이 변해서 배추가 된 거야.

+ 이것도 궁금해! +

김치를 담그는 배추는 품종을 계량한 '한국 배추'라고?

• 배추는 중국에서 전해졌어. 그러나 지금 한국에서 우리가 즐겨 먹는 배추는 우장춘 박사가 품종을 개량해서 만든 한국 배추야.

처음 중국에서 전해진 배추는 둘레가 지금의 절반도 안 되는 크기였어. 김치의 주재료도 배추가 아닌 무였지. 당시 김치를 담그기에 배추는 너무 빈약했던 거야.

그러다가 조선 말경에 중국에서 청배추로 불리던 새로운 품종의 배추가 들어왔어. 이 배추 모습이 지금 우리가 먹는 배추와 비슷했다고 해.

그런데 배추가 김치의 주재료가 되면서 우리나라 환경에 맞는 품종 개발이 절실해졌어. 그리고 마침내 우장춘 박사에 의해 청배추를 대체할 수 있는 새로운 품종이 개발됐지. 바로 현재 우리가 즐겨 먹는 한국 배추야.

그동안 배추는 국제 식품 분류상 '차이니즈 캐비지(chinese cabbage)'에 속해 있었어. 그런데 2012년 4월에 제44차 국제식품규격위원회(CODEX) 농약잔류분과위원회에서 한국산 배추를 한국의 제안에 따라 '김치 캐비지(kimchi cabbage)'로 분리, 등재했어.

언제 재배한 배추가 가장 맛있을까?

우리나라에서 배추를 많이 재배하는 곳은 전남 해남, 강원 태백, 충남 아산 등이야.

배추를 재배할 땐 비교적 낮은 온도를 유지해야 하기 때문에 예전에는 주로 가을철에 배추를 생산했어. 하지만 지금은 다양한 방법을 통해 봄이나 여름에도 배추를 재배해서 계절과 상관없이 맛있는 김치를 먹을 수 있게 됐지.

그럼 어느 계절에 재배한 배추가 가장 맛있을까?

서늘한 기후를 좋아하는 배추의 특성상 가을배추가 가장 맛있다고 해. 고지대의 서늘한 기후를 이용해 키우는 고랭지 배추는 최고의 맛을 자랑하지.

• 배추밭의 가을배추들

• 봄에 수확하는 배추, 봄동

봄동도 배추일까?

봄동도 물론 배추의 한 종류야. 봄동은 겨울에 씨를 뿌려 봄에 수확하는 채소야. 잎이 꽉 찬 일반 배추와 달리 잎이 옆으로 퍼진 게 특징이야.

그리고 추운 겨울을 이겨 내 일반 배추보다 단맛이 강한 것도 특징이지. 추운 날씨가 되면 채소들이 얼지 않기 위해 단맛이 나는 성분을 많이 만들어 내거든.

봄을 가장 먼저 알리는 채소 중 하나인 봄동은 아삭한 식감으로, 겉절이와 나물 무침에 안성맞춤이야.

참! 배추 겉잎을 떼어 말린 건 우거지라고 해.

배추 바깥쪽 겉잎을 떼어 내서 말려 두었다가 겨울철에 요리 재료로 이용하는 거지. 우거지는 생배춧잎에 비해 영양도 많고 맛도 좋아서 우거짓국 같은 국물 요리에 사용하면 좋아.

배추로 만드는 맛있는 음식

김치, 밀푀유 전골, 배추전, 겉절이,
배추된장국, 우거지국, 배추쌈밥

밀푀유 전골

콩 bean

- **종류** 열매채소
- **원산지** 대두와 강낭콩은 중국, 완두콩은 지중해 연안과 서남아시아 지역
- **영양소** 단백질, 지방, 칼륨, 칼슘, 구리, 아연, 비타민 B1 등

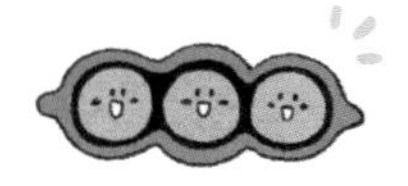

콩아, 널 왜 '밭에서 나는 고기'라고 하는 거야?

콩 : 그건 내 몸속에 고기에 많이 들어 있는 영양소가 풍부하기 때문이야.

고기의 중요 영양소가 뭐야? 바로 단백질!

단백질은 사람의 몸에 꼭 필요한 중요 영양소야. 근육, 내장, 혈액, 손톱과 발톱, 머리카락을 만드는 데 꼭 필요한 성분이지. 면역력을 높이는 데도 반드시 필요하고 말이야.

채소에는 보통 단백질이 많이 들어 있지 않아. 그래서 채소만 먹으면 단백질 부족 현상이 나타나게 돼. 그런데 난 채소임에도 불구하고 단백질이 풍부하거든. 그러다 보니 '밭에서 나는 고기'라는 별명을 얻게 된 거야.

보통 채소를 위주로 먹는 아시아 사람들은 단백질이 부족하기 쉬워. 하지만 날 즐겨 먹는다면 걱정 끝!

단백질 부족 문제를 해결해 준 게 바로 나, 콩이란 말씀!

한국의 전통 음식에는 특히 콩이 많이 들어가지. 된장, 간장, 두부 등은 모두 콩으로 만들거든. 또 한국인이 즐겨 먹는 반찬 가운데 하나가 콩나물무침이잖아.

• 콩나물

+ 이것도 궁금해! +

콩을 키울 땐 비료가 없어도 된다고?

채소는 땅에 심어서 재배하기 때문에 토양의 상태가 중요해. 보통 채소는 질소, 인, 칼륨 등의 영양분이 충분한 땅에서 잘 자라지.

그런데 콩은 척박한 황무지에서도 쑥쑥 잘 자라. 그래서 '콩을 키울 땐 비료가 없어도 된다'는 말까지 생겨났지.

그럼 황무지에서도 콩이 잘 자라는 이유는 뭘까?

그건 뿌리에 달린 콩알만 한 혹들 때문이야. 콩 뿌리에는 3~5밀리미터 정도의 혹들이 다글다글 붙어 있어. 이 혹들이 공기 중에 있는 질소를 빨아들여서 콩이 잘 자랄 수 있도록 해 주는 거야.

이 혹의 정체가 뭐냐고?

그건 주로 콩과 식물의 뿌리에 공생하는 세균이야. '뿌리에 혹을 발생시킨다'는 의미로 뿌리혹박테리아라고 부르지.

콩에 단백질이 많은 이유도 뿌리혹박테리아 덕분이라고 볼 수 있어. 단백질의 주요 원소 중 하나가 질소(N)거든. 뿌리혹박테리아가 없으면 콩이 황무지에서 자라기도 힘들고, 단백질을 풍부하게 가질 수도 없는 거야.

투탕카멘 무덤의 완두콩

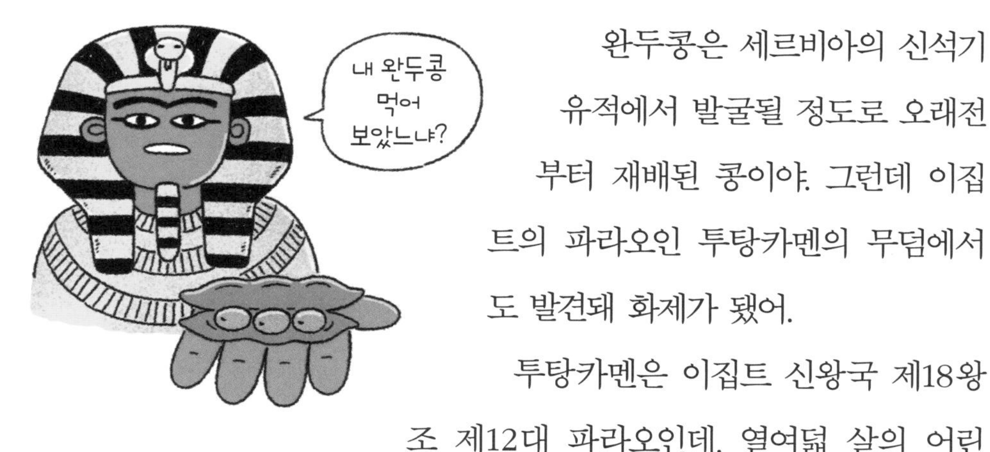

완두콩은 세르비아의 신석기 유적에서 발굴될 정도로 오래전부터 재배된 콩이야. 그런데 이집트의 파라오인 투탕카멘의 무덤에서도 발견돼 화제가 됐어.

투탕카멘은 이집트 신왕국 제18왕조 제12대 파라오인데, 열여덟 살의 어린 나이로 죽었다고 해. 그의 무덤은 지금으로부터 3000여 년 전에 만들어진 걸로 알려져 있어. 투탕카멘의 무덤에서는 투탕카멘의 황금 마스크 등 고대 유물이 가득 발굴됐어. 그 가운데 당시 먹던 완두콩도 있었던 거야.

더욱 놀라운 건 그 완두콩의 종자를 싹을 틔워 그 수를 늘이는 데 성공했다는 거야. 더더욱 놀라운 일은 그 일을 해낸 곳이 바로 우리나라 국립수목원 산림자원보존과라는 사실이지. 국립수목원은 국내외의 유용한 식물 자원을 탐사하고 연구, 수집하는 사업도 하고 있어. 투탕카멘의 무덤에서 나온 완두콩을 부활시킨 일도 이 사업의 하나였던 거야.

덕분에 시중에서도 투탕카멘 완두콩을 사서 맛볼 수 있어.

미래 식물, 콩

콩은 인류의 미래 식량 문제를 해결해 줄 고마운 채소로도 꼽혀.

◦ 완두콩밭

척박한 황무지에서도 잘 자라는 특성과 고기처럼 단백질이 많은 채소라는 장점 때문이지.

만약 사람들이 필요한 단백질을 흡수하기 위해서 고기만 주식으로 먹는다면 어떻게 될까? 아마 소나 돼지, 닭 등 가축을 키우기 위해 어마어마한 양의 사료가 필요하게 될 거야. 게다가 그런 일이 벌어진다면 전 세계 인구의 3분의 1정도밖에는 살아남을 수 없을 거라고 해. 나머진 고기를 먹지 못해서 죽을 거란 거지.

앞으로 지구 온난화로 물이 부족해지면서 점점 척박한 황무지가 늘어날 거야. 그 때문에 아프리카 여러 나라들도 미래 식량으로 콩에 주목하고 있지.

실제로 황무지가 많은 브라질에서는 1970년대부터 콩을 심는 사업을 벌였어. 그 덕분에 현재는 미국의 뒤를 이어 세계에서 두 번째로 콩을 많이 생산하는 나라가 됐지.

다양한 콩

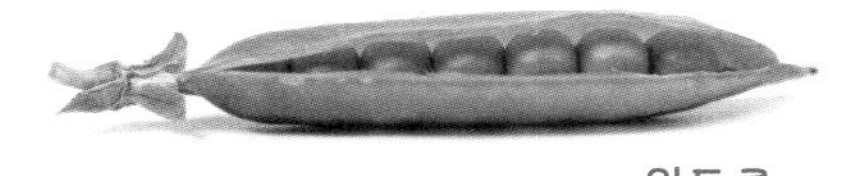
• 완두콩

서리태(서리가 내일 때 수확함.), **강낭콩**(전 세계에서 가장 널리 재배되는 콩), **완두콩**, **작두콩**, **메주콩**('대두'로 불리는 콩), **녹두콩**(싹을 내면 숙주나물이 됨.), **땅콩**(땅속에 열리는 콩) 등

콩으로 만드는 맛있는 음식

콩자반, 두부, 콩국수, 순두부찌개,
콩나물무침, 비지찌개

• 콩자반

영양분이 많다고 해도 적당량만 먹어야 해.
콩을 과하게 먹으면 몸이 차가워지거나 설사를 할 수 있어.

특별 취재 수첩

앗! 이것도 채소라고?

- 헉! 채소 나라에 생각지도 못한 것들이 등장했어.
  참외, 수박, 딸기, 멜론, 바나나.
  너희들도 채소라고? 정말일까?
  채소들에게 직접 들어 보자.

수박 : 우리도 채소야. 토마토 재판 이후, 채소와 과일에 대한 정의가 논의되면서 이런 구분법이 생겼거든.

오늘날의 채소와 과일 구분법

* 채소 : 사람이 재배하는 줄기, 잎, 뿌리 등이 있는 풀이며, 주로 반찬으로 먹고, 수확을 마치면 시든다.

* 과일 : 먹는 용도로 재배하는 나무에 열리는 열매이며, 몇 년 동안이나 수확이 이어진다.

이 구분법에 따라 우리(참외, 딸기, 수박, 멜론, 그리고 바나나)는 채소가 됐지. 그래서 흔히 과일 채소라고 불러.

딸기 : 우린 모두 나무에서 나는 열매가 아니라 풀에서 생산되는 열매야. 그런데 맛이 달다 보니 주로 후식으로 먹으면서 과일로 여겨지고 있지.

바나나 : 난 나무에서 열리지 않느냐고? 바나나 나무는 나무처럼 보이지만 사실은 풀이야. 그래서 채소에 속하지. 하지만 맛이 달콤하고, 주로 후식으로 먹다 보니 과일로 여기게 됐지.

알쏭달쏭! 버섯은 채소일까, 아닐까?

생물학적 분류로 보면 버섯은 동물도 식물도 아닌 미생물 균류야.

곰팡이 종균(음식물을 발효시킬 때 이용되는 미생물)으로, 다른 유기물(생명력이 있는 물질)의 영양분을 이용하는 균류에 속해.

그렇지만 식재료 분류에서는 채소로 불리며, 요리 재료로 다양하게 이용되고 있지.

마늘 garlic

- **종류** 비늘줄기채소
- **원산지** 중앙아시아
- **영양소** 황화 알릴, 비타민 B1, 비타민 B6, 칼륨 등

마늘아, 널 먹으면 왜 입에서 독한 냄새가 날까?

마늘 : 아하! 나의 알싸하고 강렬한 냄새를 말하는 거군.

그걸 독한 냄새라고 말하다니! 기분이 나쁘군.

그건 '독한 냄새'가 아니라 '맛있고 건강한 냄새'라고!

내게서 나는 특유의 냄새는 알리신이라는 성분 때문이야. 내게는 황화 알릴 성분이 풍부해. 그런데 빻거나 자르는 조리 과정에서 조직이 파괴되면서 황화 알릴이 알리신으로 바뀌게 되지. 이 알리신이 아린 맛과 특유의 냄새를 내는 거야.

그런데 알리신은 정말 건강에 좋은 성분이야. 살균력과 항산화 작용이 뛰어나서 바이러스로부터 몸을 지켜 주거든. 식중독을 일으키는 살모넬라균이나 콜레라라는 감염병을 일으키는 콜레라균, 전염병인 장티푸스의 원인균인 티푸스균도 없앨 만큼 강한 살균 효과가 있지. 또 비타민 B1을 도와 피로를 풀어 주고, 체력을 튼튼하게 해 줘.

어디 그뿐이야? 옛날 사람들은 날 흡혈귀를 내쫓는 용도로도 사용했잖아. 흡혈귀가 마늘 냄새를 싫어한다는 소문이 돌아서 말이야.

그러니 나보다 더 인간에게 좋은 채소가 어딨겠어?

+ 이것도 궁금해! +

고대부터 명약으로 불린 마늘

• 고대 그리스와 고대 이집트에서 마늘은 피로 회복을 돕고, 입맛을 돋워 주는 채소로 알려졌어. 실제로 알싸한 매운맛이 입맛을 돌게 하고, 풍부한 영양소들이 피로 회복에 큰 도움을 주었기 때문이지. 이런 이유로 고대 이집트에서는 거대한 피라미드를 만들 때 일꾼들에게 마늘을 많이 먹였다고 해.

고대 이집트 시대에 만들어진 피라미드 가운데 쿠푸왕의 피라미드가 있어. 현재 남아 있는 이집트 피라미드 가운데 가장 큰 피라미드야. 이 피라미드를 만들 때 노동자들에게 특별한 걸 먹였다고 알려져 있지. 그건 바로 양파와 무, 그리고 마늘이야. 노동자들의 체력을 높여 주는 데 큰 힘이 됐기 때문이지. 게다가 작업 중에 상처가 나면 나를 얇게 잘라서 상처에 붙였어. 마늘에는 멸균 효과가 있거든.

동양에서도 마늘은 약용으로 쓰이며 몸을 튼튼하게 해 주는 채소로 인정받았지.

마늘은 몸의 모세 혈관을 넓혀 혈액 순환에 도움을 주는 채소로도 알려져 있어. 그러니까 몸이 차서 고민이라면, 마늘이 들어간 음식을 많이 먹는 게 좋아.

• 쿠푸왕의 피라미드

'단군 신화' 속에도 등장하는 마늘

우리나라 사람들은 특히 마늘을 많이 먹지. 김치의 주재료 중 하나가 마늘이고, 찌개나 국 요리는 물론, 무침 요리에도 반드시 마늘을 넣잖아.

그래서인지 우리 민족의 시조를 알려 주는 '단군 신화'에도 마늘이 등장해.

환웅이 인간 세상을 다스리게 되자, 곰과 호랑이가 환웅을 찾아가 인간이 되게 해 달라고 빌지. 그러자 환웅은 쑥과 마늘을 주며 동굴에서 100일간 지내면 인간이 될 거라고 하잖아. 결국 그걸 해낸 곰은 인간이 됐고 말이야.

이 신화만 봐도 마늘이 우리 민족에게 얼마나 중요한 먹거리였는지 알 수 있어.

마늘은 식물의 어느 부분일까?

• 마늘꽃

우리가 먹는 부분은 비늘줄기야.

비늘줄기는 연한 밤색이 나는 얇은 껍질에 싸여 있는데, 그 속에 마늘쪽이 대여섯 개씩 들어 있지. 이 중 마늘쪽이 6개인 마늘은 '육쪽마늘'이라고 불러.

마늘의 꽃대는 마늘종이라고 해.

봄이 되면 잎 사이에서 꽃대가 올라오는데, 꽃대에서 꽃이 피면 비늘줄기로 갈 양분을 꽃이 빼앗아 가게 돼. 그럼 마늘 알이 굵어지지 못하지.

그래서 꽃대를 뽑아내는데, 이걸 마늘종이라고 불러. 마늘종도 요리 재료로 인기가 높지.

• 마늘의 꽃대인 마늘종

• 비늘줄기에 싸인 마늘쪽

마늘로 만드는 맛있는 음식

마늘빵, 마늘장아찌, 마늘조림,

마늘종무침, 마늘볶음밥

• 마늘종무침

셀러리 celery

- **종류** 잎줄기채소
- **원산지** 유럽과 이집트 등
- **영양소** 베타카로틴, 칼륨과 칼슘 등이 풍부함.

셀러리야, 넌 '허브'라고 하더라. 왜 그런 거야? 허브가 뭐야?

셀러리 : 맞아. 난 허브의 한 종류야.

허브는 '잎이나 줄기가 식용과 약으로 쓰이거나 향료로 이용되는 식물'을 이르는 말이야. '초록색 풀'을 의미하는 라틴어 '허바(herba)'에서 유래됐지.

허브는 특유의 향 때문에 요리를 할 때 주로 향신료로 쓰여. 허브 향은 요리의 맛과 풍미를 한층 더해 주거든.

허브는 특히 중세 유럽에서 향신료로 인기가 높았어. 당시 유럽인들은 식재료를 보관할 때 식초에 절여 건조시키는 방법 정도밖에 몰랐어. 그래서 오래된 식재료는 꿉꿉한 냄새 때문에 먹기가 어려웠어. 그 때문에 좋은 향을 내는 향신료가 발달했는데, 그 대표적인 게 허브였던 거지.

가장 대표적인 허브가 뭐냐고?

파슬리, 세이지, 로즈메리, 타임, 민트, 바질 등이 있지. 나, 셀러리도 있고 말이야.

허브의 여왕, 라벤더

그래도 최고의 허브로는 라벤더를 꼽아. 내가 최고의 허브로 뽑히지 않은 건 아쉬워. 라벤더는 향이 좋아서 가장 널리 사용되기 때문에 '허브의 여왕'으로 불리지.

신이 내린 자연의 선물, 허브

허브는 예로부터 상처를 치료하는 데 쓰이고, 그 향은 두통과 스트레스를 없애 주는 데 사용됐어. 대부분의 허브 향은 불안한 심신을 안정시키고, 불면증을 개선시켜 줘. 또한 통증 완화와 피부 보호 등에도 효과가 큰 걸로 알려져 있지.

그러다 보니 고대 이집트와 그리스 상류층에서 큰 사랑을 얻으며 '신이 내린 자연의 선물'로 불렸지. 고대 이집트에서는 제사 의식에 빠져서는 안 될 식물이기도 했어. 퀴퀴한 냄새를 없애 주는 허브가 나쁜 병을 고치고, 아픈 걸 없애 주는 향기로 신성시됐기 때문이야. 또 미라를 만들 때도 시체의 부패를 막는 용도로 사용했어. 궁정에서는 마룻바닥에 허브를 깔아 벌레나 잡균을 없애는 용도로도 사용했다고 해.

중세 유럽인들은 특히 허브에 열광했어. 특히 로즈메리는 '악귀를 물리쳐 주는 힘을 가진 신성한 식물'이라고 생각할 정도였어. 게다가 로즈메리 향이 두통에 뛰어난 치료 효과를 가지고 있고, 집중력과 기억력을 좋게 해 주거든.

• 두통 치료에 좋은 로즈메리

+ 이것도 궁금해! +

셀러리를 '서양 미나리'라고 부른다고?

• 셀러리에서는 특유의 독특한 향이 나. 그래서 셀러리를 유난히 좋아하는 사람도 있지만, 그 향 때문에 싫어하는 사람도 있어.

셀러리 향은 줄기, 잎, 씨 등에 함유된 휘발성 기름 냄새인데, 육류 요리의 비린내를 없애는 데 효과가 좋아. 특히 셀러리를 기름에 볶으면 향이 더 강해져서 볶음 요리에도 많이 사용하지. 이런 이유 때문에 셀러리를 '서양의 미나리'라고 부르는 거야.

우리나라에서는 생선매운탕이나 비린 요리를 할 때 주로 미나리를 넣어서 비린내를 없애잖아.

셀러리의 특유의 향은 불안감을 가라앉히고, 불면증을 없애는 데도 효과가 좋다고 알려져 있어.

클레오파트라의 특별한 허브 사랑

이집트의 여왕으로, 세계 최고의 미녀로 불린 클레오파트라는 허브 애호가로 유명해. 허브로 만든 화장품을 쓰고, 허브로 물들인 옷을 입을 정도로 허브를 사랑했지.

클레오파트라가 특히 사랑한 허브는 몰로키아야. '이집트의 시금치'로도 불리는 채소지. 베타카로틴 성분이 시금치의 3배나 들어 있어서 피부에 특히 좋다고 해.

몰로키아는 아랍어로 '왕족의 채소, 왕족의 음식'이란 의미야. 그 정도로 맛과 향이 뛰어나서 고대에는 귀족들만 먹는 귀한 음식이었던 거지.

그럼 허브가 본격적으로 화장품에 사용된 건 언제부터일까?

허브는 6세기부터 미백 목적으로 화장품에 사용됐어. 1940년대에는 립스틱에도 허브가 사용되기 시작했지. 최근에는 얼굴 크림, 자연 향수, 보디 오일, 자외선 차단제 등 다양한 곳에 사용되고 있어.

마이너스 칼로리 음식, 셀러리

• 애플민트

• 타임

셀러리는 열량이 거의 없어. 100그램에 15칼로리 정도뿐이야. 게다가 섬유질이 많아 다이어트 음식으로 아주 좋아.

그런데 사람이 음식 100그램을 소화시키는 데는 약 20칼로리가 필요하다고 해. 그럼 셀러리는 소화에 필요한 열량보다 그 이하의 열량을 가진 음식이란 뜻이 되지. 먹어도 오히려 열량이 소모된다는 거야.

이런 음식을 '마이너스 칼로리(negative calorie) 음식'이라고도 부르지.

칼로리가 아주 낮은데, 그것마저도 소화되는 과정에서 대부분 소실돼서 섭취되는 칼로리가 거의 없는 식품이란 의미지.

이런 음식엔 셀러리 말고도 우무나 곤약 등이 있어.

셀러리로 만드는 맛있는 음식

셀러리주스, 셀러리볶음, 셀러리수프, 셀러리장아찌, 셀러리피클

• 셀러리주스

치커리 chicory

- **종류** 잎줄기채소
- **원산지** 북유럽. 고대부터 재배해 옴.
- **영양소** 베타카로틴, 비타민 A 등 비타민과 무기질이 풍부함.

치커리야, 유럽에서는 커피 대신 치커리차를 마시는 사람들이 많더라. 왜 그런 거야?

치커리 : 그야 차로 마셔도 맛있기 때문이지.

난 온몸을 다 먹을 수 있는 채소야. 잎은 쌈이나 샐러드로 이용하고, 뿌리는 약간 익혀서 버터를 발라 먹거든.

특히 내 뿌리는 독일과 프랑스 등에서 마시는 차로 사랑받고 있어. 굵은 뿌리를 건조시켜서 잘게 썰어 말린 뒤, 가루로 만들어서 음료로 만들어 먹지.

특히 치커리차는 커피를 대신해 마시는 차로 인기가 높아. 커피와 비슷한 짙은 갈색과 쓴맛을 가지고 있기 때문이지.

커피 대신 치커리차를 사용한 건 나폴레옹 시대부터야. 치커리차에는 카페인이 없어. 그래서 커피에 들어 있는 카페인이 부담스러운 사람들에게 특히 환영을 받았지.

또한 인스턴트커피의 색을 짙게 하고, 쓴맛을 강하게 해 주는 첨가제로도 치커리 뿌리를 사용하고 있어.

• 말린 치커리 뿌리

• 치커리 가루와 치커리차

+ 이것도 궁금해! +

치커리의 놀라운 효능

- 치커리는 허브에 속해. 그래서 특유의 향으로 사랑받고 있지.

치커리는 또한 약재로도 사랑을 받아 왔어. 유럽에서는 치커리 뿌리를 민간약으로 애용했어. 열을 내려 주는 효능이 있고, 피를 맑게 해 주며, 오줌이 잘 나오게 하는 이뇨 효과가 있기 때문이야.

동양에서도 치커리는 좋은 약재로 사용됐어. 한방에서는 특히 소화 기능과 간 기능을 개선하는 데 좋은 약재로 여겼지. 그래서 치커리 전체를 약으로 사용해 왔어. 특히 치커리꽃은 심장 활동을 돕는 데 효과가 있다고 해.

치커리 뿌리와 꽃

치커리꽃의 전설

치커리는 7, 8월에 푸른 꽃이 피어나는데, 그 자체가 아름답기로 유명해. 그 때문인지 독일에서는 이 꽃에 대한 특별한 전설도 전해지고 있어.

옛날 어느 마을에 사랑하는 연인이 있었대. 그런데 어느 날 소년이 꼭 돌아오겠다는 굳은 약속을 남기고 집을 떠나게 됐어. 소녀는 그 약속을 믿고 매일 마을 어귀에 나가 소년이 돌아오길 기다렸지.

하지만 아무리 기다려도 소년은 오지 않았고, 기다림에 지친 소녀는 그만 죽고 말았어. 그 뒤로 소녀가 죽은 마을 어귀에서 푸른빛의 꽃이 피어나기 시작했어. 꽃의 푸른빛은 파란 눈의 소녀가 흘리던 눈물 색과 같았다고 해.

그래서 독일에서는 이 식물을 '베크바르테(wegwarte)'라고 해. '길가에서 쓸쓸히 기다리는 사랑'이라는 의미이지.

치커리로 만드는 맛있는 음식

치커리샐러드, 치커리무침, 치커리겉절이

주의할 점! 몸에 좋은 치커리지만, 과다 섭취하면 복통과 설사, 알레르기를 일으킬 수 있으니 과식은 금물!

치커리샐러드

호박

pumpkin(늙은 호박), zucchini(애호박)

- **종류** 열매채소
- **원산지** 중앙아메리카, 남아메리카
- 우리나라에는 17세기 초에 일본을 통해 들어옴. 오랑캐로부터 전래된 박과 모양이 비슷하다고 해서 '호박'이라고 부르게 됨.
- **영양소** 베타카로틴, 비타민 E, 비타민 C 등

호박아, 핼러윈에 왜 호박등을 밝히는 거야?

호박: 핼러윈은 매년 10월 31에 열리는 미국과 캐나다의 대표적인 축제야.

가톨릭 문화에 하늘의 모든 성인과 순교자를 기리는 만성절이 있어. 핼러윈은 이 축일의 하나로, 불을 피우고 죽은 영혼들을 기리는 날이지.

핼러윈 때면 사람들은 '잭오랜턴(Jack-o'lantern, 등불의 잭)'이라는 호박등을 밝히고 유령이나 마녀, 괴물로 변장해. 그래서 호박등은 핼러윈의 상징이 됐지.

왜 하필 호박등을 밝히냐고?

그건 아일랜드에 전해 내려오는 전설 때문이야.

고대 아일랜드의 어느 마을에 잭이라는 사람이 있었는데, 성격이 아주 교활했대. 잭은 남을 잘 속이고 짓궂은 장난을 좋아했는데, 악마까지 속여서 골탕을 먹였다지 뭐야.

그러자 악마는 앙심을 품고, 잭이 죽자 천국은 물론 지옥도 못 가는 신세로 만들어 버렸어. 잭은 추운 아일랜드의 어둠 속을 방황하는 영혼이 되고 말았지.

추위와 어둠에 지친 잭은

• 핼러윈의 상징, 호박등

악마에게 사정사정해 겨우 불꽃 하나를 얻을 수 있었어. 잭은 그 불마저 꺼질까 봐 순무의 속을 파서 등을 만들었대. 그래서 아일랜드에서는 핼러윈에 순무로 만든 등을 밝히는 풍습이 생겨나게 됐지.

그런데 미국에서는 순무 대신 흔한 호박을 사용하면서 도깨비 모양의 '잭오랜턴', 즉 호박등이 생겨나게 된 거야.

+ 이것도 궁금해! +

핼러윈의 유래

- 핼러윈은 아일랜드의 전통 축제인 '삼하인(Samhain)'에서 시작됐어.

고대 아일랜드의 켈트족은 10월 31일을 한 해의 마지막 날로 여겼어. 그날 밤이면 죽은 사람들의 영혼이 하늘로 간다고 믿었지. 그래서 음식을 마련해 제사를 지내며 죽은 이들의 혼을 달랬어. 그리고 커다란 모닥불을 피우고 악마나 유령처럼 분장을 했어. 그렇게 하면 악령들이 괴롭히지 않는다고 믿었던 거야.

이런 풍습은 미국과 캐나다에까지 전해졌고, 핼러윈이라 불리는 세계적인 축제로 퍼져 나가게 됐지.

• 핼러윈 축제

고운 피부를 갖고 싶다면 호박을 먹어

호박은 영양가가 높은 채소인데, 특히 피부에 좋은 영양소가 풍부해.

호박의 껍질 속을 보면 오렌지색이 선명해. 그건 비타민 A로 바뀌는 베타카로틴과 크산토필이라는 색소가 많기 때문이야. 베타카로틴과 크산토필은 항산화 작용을 해서 우리 몸과 피부가 노화되는 걸 예방해 주지.

피부를 곱게 해 주는 대표적인 영양소로는 비타민 A, 비타민 C, 비타민 E를 꼽을 수 있어. 호박 속에는 이 영양소가 모두 들어 있지.

호박은 좋은 의미가 담긴 채소로도 유명해. 예로부터 호박은 '복과

행운'을 주는 귀한 존재로 여겨졌거든. 그래서 우리나라 사람들은 뜻밖의 행운을 만나면 "호박이 넝쿨째 굴러왔다." 하고 말하지.

호박꽃은 신기해

호박꽃

혹시 호박꽃을 본 적이 있니?

호박꽃을 본 사람이라면 "호박처럼 못생겼어."라는 말은 절대 하지 않을 거야. 노란 호박꽃처럼 예쁜 꽃도 드물거든.

수꽃(왼쪽), 암꽃(오른쪽)

호박꽃은 암술만 있는 암꽃과 수술만 있는 수꽃이 한 그루에 함께 피어나. 암꽃이 열매를 맺어서, 꽃잎이 붙어 있는 아랫부분에 호박이 달려.

오이, 여주, 수세미 등도 호박처럼 한 그루에 노란 암꽃과 수꽃이 함께 피어나지. 모두 박과 식물로, 가까운 친척이기 때문이야.

호박으로 만드는 맛있는 음식

호박죽, 호박전, 호박떡, 호박수프,
애호박볶음, 단호박찜

호박전

양배추 cabbage

- **종류** 잎줄기채소
- **원산지** 유럽 지중해 연안, 서아시아
- **이름 어원** '머리'라는 뜻의 프랑스어 '카보슈(caboche)'에서 유래됨.
- **영양소** 비타민 U, 비타민 C, 비타민 K, 칼륨, 칼슘 등.
  잎사귀 두세 장이면 하루에 필요한 비타민 C의 2분의 1이 섭취됨.

양배추야, 넌 원래 동그란 모양이 아니었다면서? 왜 지금처럼 동그래진 거야?

양배추: 원래 난 야생 양배추로, 지금처럼 둥글지 않았어. 내가 둥글어진 데는 특별한 사연이 있지.

옛날에 사람들은 날 무척 귀하게 여겼어. 소화에도 좋고, 다양한 병을 예방해 줬거든. 그래서 사람들은 내 이파리 하나도 소중하게 아껴 먹었지.

또한 이렇게 귀한 이파리를 더 많이 만들기 위해 양배추들 중에서 잎과 잎 사이의 간격이 촘촘하게 자란 걸 골라 재배하기 시작했어.

우리 고향은 지중해인데 그곳의 기후도 한몫했어. 고향에서 우리는 비가 많이 내리는 겨울에 자라. 추위를 견디기 위해 줄기가 짧아지면서 땅에 딱 달라붙은 상태로 자라지. 그리고 햇빛을 가장 많이 받는 큰 겉잎이 안쪽에서 나오는 새잎을 보호하기 위해 보자기처럼 중심을 감싸며 둥글게 자라게 됐지. 그런 상태에서 속잎은 계속 나오니까 속이 꽉 찬 둥근 양배추가 된 거야.

• 겉잎이 속잎을 감싸며 둥글게 자라는 양배추

+ 이것도 궁금해! +

괴혈병 예방에는 양배추가 최고!

• 양배추에는 비타민 C가 아주 풍부해. 그래서 비타민 C가 부족해서 걸리는 괴혈병을 예방해 주지. 괴혈병에 걸리면 피부나 잇몸에서 피가 멈추지 않고 나와. 생명을 잃을 수도 있는 무서운 병이지.

제임스 쿡이라는 영국 탐험가가 있었어. 수많은 탐험에 도전하며 태평양의 많은 섬과 하와이 섬을 발견해서 '캡틴 쿡'으로 불린 사람이지.

제임스 쿡은 오랜 항해 경험을 통해 양배추가 항해에 꼭 필요한 음식이란 걸 깨달았어. 긴 시간 항해를 하다 보면 선원들은 신선한 채소나 과일을 먹지 못해 괴혈병으로 죽는 경우가 많았거든. 하지만 양배추를 충분히 준비하고 항해를 하니 괴혈병으로 죽는 선원이 생기지 않았던 거야.

그래서 제임스 쿡은 항해를 시작할 때마다 선원들에게 이렇게 명령했지.

"항해 기간 동안 선원들이 양배추절임을 먹을 수 있도록 넉넉히 준비하라!"

약으로 불린 채소, 양배추

양배추

양배추 속에는 비타민 U도 많아. 비타민 U는 위와 장 등 소화 기관에 특히 좋지. 소화가 잘되게 도와주거든. 게다가 식이섬유가 많아 장운동을 활발하게 해 줘서 변비에도 효과가 좋아.

그래서 고대 이집트와 그리스, 로마 등에서는 양배추를 몸이 아플 때 먹는 약으로 여겼어.

양배추의 친척들

브로콜리

양배추에게는 가까운 친척들이 많아.

브로콜리, 콜리플라워, 콜라비, 방울 양배추, 케일 등이 모두 양배추의 친척이거든. 이들의 조상은 똑같이 야생 양배추야.

야생 양배추는 옛날 지중해 연안이나 서아시아에서 자랐는데, 잎이 아주 달고 맛있었어. 사람들은 야생 양배추를 밭에서 기르기 시작했고, 품종 계량을 통해 다양한 채소들을 탄생시켰지.

양배추로 만드는 맛있는 음식

양배추롤, 양배추샐러드(코울슬로),
양배추김치, 양배추피클

코울슬로

깻잎 perilla leaf

- **종류** 잎채소
- **원산지** 고온 건조한 에티오피아와 인도로 추정됨.
- **영양소** 단백질, 탄수화물, 지방, 리그난, 비타민 C, 비타민 B1, 비타민 E, 철 등

깻잎아, 널보고 '식탁 위의 명약'이라고 하더라. 왜 그런 거야?

깻잎 : 그야 명약으로 불릴 만큼 영양이 풍부하기 때문이지.

난 시금치보다 2배나 많은 철분을 가지고 있어서 빈혈을 예방해 주고, 성장 발달에 도움을 줘. 칼슘, 무기질, 비타민도 풍부하지.

참깨의 지방에는 세사민과 올레산이라는 성분이 들어 있어. 올레산은 몸속 콜레스테롤을 조절해 건강을 지켜 주지. 세사민은 알코올을 분해해서 간을 보호하고 노화를 막아 줘.

게다가 깻잎에 있는 항암 물질 피톨은 암세포와 병원성 세균을 제거해서 면역 기능을 높여 주는 걸로 알려져 있어.

깻잎이 한해살이풀인 깨의 잎이란 건 알고 있지? 깨는 그야말로 깨알처럼 작지만, 그 힘은 이렇게 대단해.

깻잎은 흔히 참깻잎과 들깻잎으로 구분하는데, 사람들이 마트나 시장에서 사 먹는 건 들깻잎이야.

+ 이것도 궁금해! +

한국인의 밥상에 오르는 단골 반찬

● 참깨는 가장 오래된 향신료 중 하나로, 아프리카 열대 지방과 인도에서 처음 태어난 걸로 추측되고 있어. 한국에서는 삼국 시대 무렵부터 기름으로 짜 먹었다고 알려져 있지.

예로부터 인도, 한국, 중국 등의 아시아 지역에서 많이 재배돼 왔어. 주로 향미 채소(음식의 잡내를 잡아 주고, 좋은 맛을 더해 주는 특별한 향을 가진 채소)로 사용되고, 참깨 씨앗에서 추출한 기름을 많이 사용하지.

깻잎을 식용으로 먹는 나라는 우리나라가 거의 유일하다고 해. 다른 나라 사람들은 깻잎 특유의 독특한 향을 좋아하지 않기 때문이야.

하지만 한국 사람들은 특히 들깻잎을 좋아해서 쌈 채소, 깻잎찜, 깻잎장아찌 등 다양한 반찬으로 이용해 왔어. 찌개와 탕 요리에 넣는 부재료로도 인기가 높지.

고소한 깨 향

• 들깻잎

깨는 밭에서 기르는데, 들깨를 보면 줄기나 잎에 연한 털이 빽빽하게 나 있어. 잎 모양은 둥글면서 끝이 뾰족하고, 가장자리에는 둔한 톱니가 있어서 음식을 싸 먹기에 아주 좋아.

깨의 줄기와 잎에서는 독특한 향기가 나지. 이 향기는 페릴라케톤이라는 성분의 냄새야. 페릴라케톤은 적으로부터 자신을 보호하기 위해 나오는 거야. 이 냄새 때문에 깨에는 벌레가 잘 안 꼬인다고 해.

무궁무진!! 들깨 활용법

우리나라에서 들깨는 특히 인기가 높은 식재료야. 뿌리를 빼고는 거의 모든 부위를 먹거든. 잎이나 어린 줄기는 날로 먹거나, 졸이고 쪄서 반찬으로 먹어.

그럼 우리나라 사람들이 먹는 들깨 요리를 알아볼까?

들깻잎으로는 깻잎장아찌, 깻잎찜, 깻잎전이나 튀김을 만들어 먹어.

씨가 여물기 전의 꽃대는 따서 부각을 만들어 먹지.

씨앗으로는 들기름을 짜서 나물을 무칠 때 향신료로 사용해.

• 들깨

들기름의 용도는 요리 말고도 다양해.

옛날에는 들기름을 종이에 먹여 기름종이를 만들었어. 방바닥에 장판을 바르고 난 다음, 들기름을 먹여 장판을 매끄럽게 만들기도 했어.

등잔불을 밝힐 때도 참기름과 들기름을 이용했지.

참깨와 들깨, 뭐가 다를까?

참깨와 들깨는 식물학적으로는 완전히 다른 식물인데, 우리가 먹는 깻잎은 주로 들깻잎이야.

그럼 참깻잎과 들깻잎이 어떻게 다를까?

들깻잎은 잎이 부드럽고 얇아. 잎 가장자리는 뾰족뾰족하지. 반면에 참깻잎은 잎이 억세고 두꺼워. 그리고 잎 가장자리가 들깻잎보다 덜 뾰족뾰족해. 또한 들깨와 참깨는 피는 꽃도 다르지.

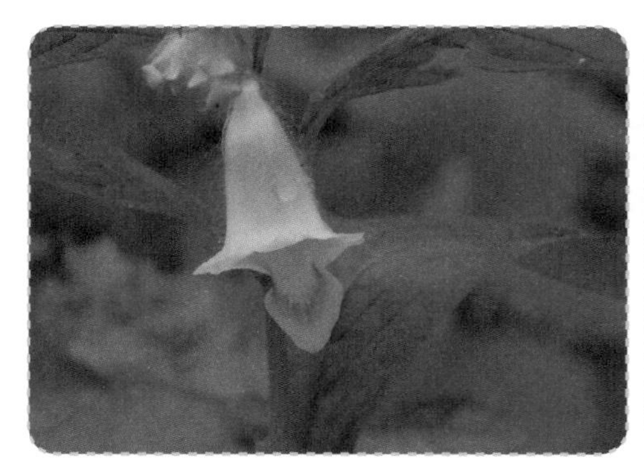

참깨꽃

들깨꽃

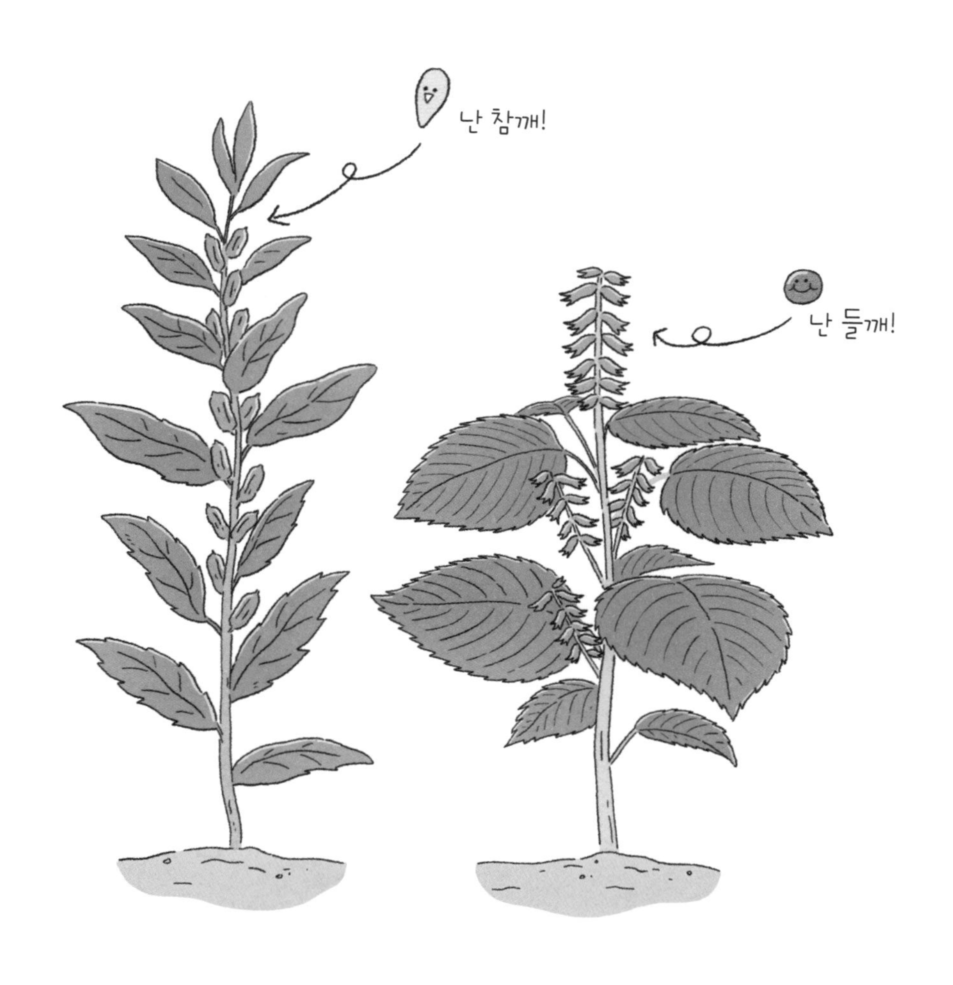

깻잎으로 만드는 맛있는 음식

깻잎전, 깻잎튀김, 깻잎김치,

깻잎장아찌, 깻잎무침

깻잎전

특별 취재 수첩

어느 부위를 먹는 걸까?

- 채소를 구분하는 방법은 다양한데, 먹는 부위에 따라 구분하는 방법도 있어.
  과연 채소들은 각각 어느 부위를 먹는 걸까?
  채소들아, 너흰 무슨 채소야?

감자, 근대, 아스파라거스, 카르둔, 셀러리, 죽순, 고비 등

사람들이 먹는 건 우리의 줄기 부위야.

이렇게 줄기를 먹는 식물을 '줄기채소'라고 하지.

잎을 같이 먹는 채소도 많은데, 그런 채소는 '잎줄기채소'라고도 해.

아스파라거스

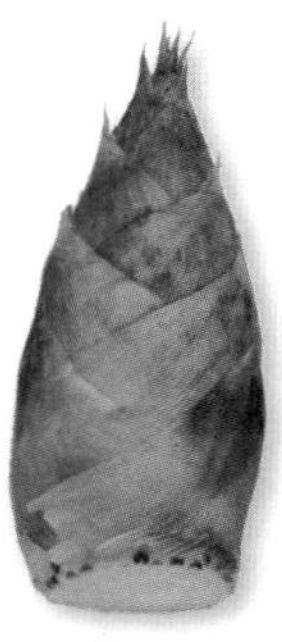

죽순

양상추, 배추, 콜라드, 치커리, 꽃케일, 상추, 청경채, 민들레, 시금치 등

우리는 '잎채소'야. 사람들이 먹는 건 우리의 잎이거든.

청경채

콜라드

콜리플라워, 브로콜리 등

우리는 '꽃채소'야. 우리 몸에서 사람들이 채소로 먹는 부분은 꽃이나 꽃봉오리거든.

토마토, 올리브, 아보카도, 파프리카, 고추, 가지, 호박, 오이, 여주, 차요테 등

우린 '열매채소'야. 주렁주렁 탐스럽게 달린 열매를 먹기 때문이지.

무, 래디시, 당근, 우엉, 비트, 순무, 말랑가 등

우리는 먹음직스런 도톰한 뿌리를 먹지. 그래서 '뿌리채소'라고 해.

시금치 spinach

- **종류** 잎줄기채소
- **원산지** 중앙아시아 및 서남아시아. 16세기에 실크 로드를 통해 퍼져 나감.
- **영양소** 엽산, 비타민 C와 탄수화물, 베타카로틴, 마그네슘, 칼슘 등

시금치야, 넌 겨울에 자란 게 더 맛있다고 하더라.
왜 그런 거야?

시금치: 맞아. 여름에 자란 것보다 겨울에 자란 시금치가 더 달콤하니 맛있지.

그 이유는 추운 날씨를 이겨 내고 자란 배추가 다른 계절에 자란 배추보다 달고 맛있는 이유와 같아.

식물은 날씨가 추워지면 얼지 않기 위해 특별한 대책을 세워. 자신의 몸에 당분을 비롯한 영양분을 가득 저장하는 거야.

왜냐고? 그 이유는 겨울 바다를 생각해 보면 알 수 있어.

추운 겨울이면 강이나 호수는 얼지만, 바다는 잘 안 얼잖아. 그 가장 큰 이유는 바닷물 속에 들어 있는 소금기 때문이야. 순수한 물은 0도에서 얼기 시작하지만, 바닷속 소금기가 어는 온도를 0도보다 더 낮추기 때문이지.

그래서 0도일 때 물은 얼지만, 설탕물과 소금물은 얼지 않아. 우리 시금치들도 그 원리를 이용해 몸을 달콤하게 만드는 거지.

추운 계절에 자란 시금치는 맛만 좋은 게 아니야. 여름 시금치보다 비타민 C도 훨씬 많거든.

우리 몸에는 엽산도 아주 많아. 엽산은 몸의 세포와 피를 만드는 데 꼭 필요한 영양소인 비타민 B의 한 종류야. 한창 성장기에 있는 청소년들에게는 꼭 필요한 채소니까 많이 먹도록 해.

프랑스에서 특히 인기 많은 시금치 요리

프랑스는 맛있는 요리로 유명하지. 그런데 현재의 맛있는 프랑스 요리의 기초가 만들어지는 데는 카트린이라는 사람의 역할이 컸어.

카트린은 이탈리아 메디치 가문의 사람으로, 1533년에 프랑스 왕자 앙리 2세와 결혼하며 프랑스로 건너오게 됐어. 그리고 앙리 2세가 왕이 되자 프랑스 왕비가 됐지.

카트린은 시금치 요리를 가장 좋아했어. 카트린이 이탈리아에서 데려온 요리사들은 카트린을 위해 다양한 시금치 요리를 선보였지.

당시 프랑스에서는 시금치 요리가 거의 없었지만, 카트린을 통해 전해지고 발달하게 된 거야. 그 뒤로 프랑스 사람들도 시금치 요리를 즐기게 됐고, 시금치는 프랑스의 인기 채소가 됐어.

프랑스의 시금치 요리는 시금치버섯플랑(프랑스식 계란찜), 시금치키슈(시금치와 달걀, 우유, 치즈로 만든 프랑스 가정식) 등 아주 다양해.

• 시금치키슈

+ 이것도 궁금해! +

동양계 시금치와 서양계 시금치가 결혼을 했다고?

• 시금치는 중국을 통해 동양으로 전해지고, 페르시아와 북아프리카를 거쳐 스페인으로 전해지며 유럽 각국에 퍼져 나갔어.

서양과 동양은 땅과 기온이 많이 달라. 그러다 보니 시금치는 동양과 서양에서 조금 다른 품종으로 자라게 됐어.

동양계와 서양계 시금치 비교

동양계 품종 : 잎 가장자기가 삐죽삐죽! 뿌리는 진한 붉은빛. 이파리가 얇고, 달콤한 맛이 남.

서양계 품종 : 잎 가장자리가 타원형! 뿌리는 연한 붉은색, 이파리가 두툼해서 떫은맛이 남. 동양계보다 수확량이 많음.

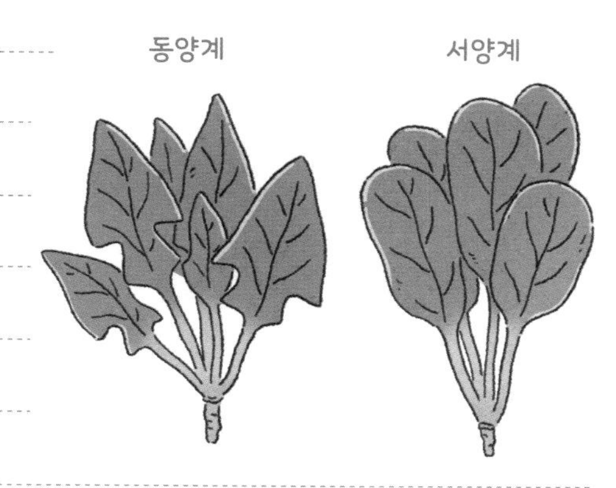

즉, 맛은 동양계가 맛있고, 생산량은 서양계가 많았던 거야.

그러자 일본에서 두 품종을 교배하는 실험이 시작됐어.

"동양계처럼 맛있고, 서양계처럼 생산량이 많은 시금치를 만들자!"

두 품종을 결혼시켜 장점만을 가진 품종의 탄생을 시도한 거야. 그 결과, 정말 떫은맛은 적고, 수확량은 월등히 높아진 새로운 품종이 탄생했지.

현재 세계인이 주로 먹는 시금치가 바로 그 주인공이야.

시금치는 암그루와 수그루가 있다

시금치는 암그루와 수그루로 나뉘어져 있어. 하지만 비슷해서 그냥 봐서는 구분하기가 어려워.

시금치의 암, 수그루를 구분하려면 꽃이 필 때 자세히 살펴봐야 해.

암그루에는 암술만 있는 꽃이 피고, 씨앗이 맺히거든. 반면에 수그루는 수술만 있는 꽃이 피어나지.

그렇다고 암그루와 수그루에 맛 차이가 있는 건 아니야. 똑같이 맛은 좋으니까 요리할 때 굳이 구분할 필요는 없어.

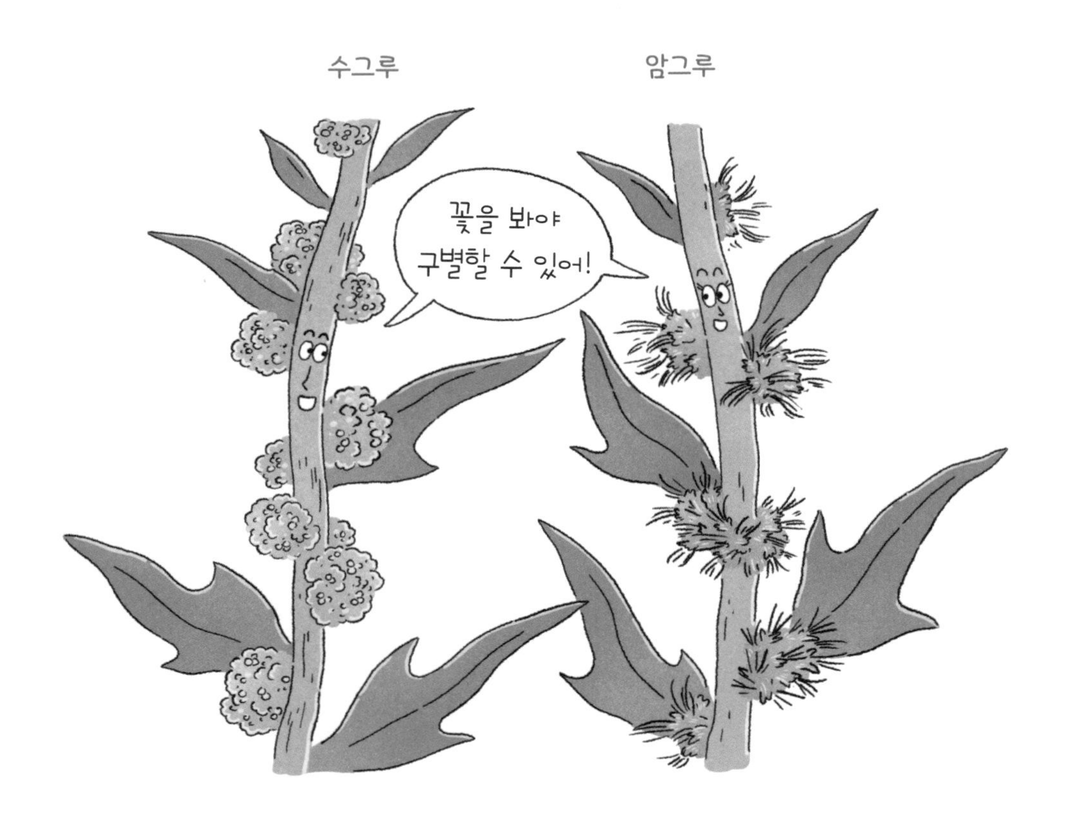

시금치로 만드는 맛있는 음식

시금치무침, 시금치달걀볶음, 시금치된장국,

시금치달걀오믈렛, 시금치수프

생시금치에서 나는 특유의 떫은맛은
뜨거운 물에 데치거나 볶으면 사라져.

• 시금치무침

우엉 burdock

- **종류** 뿌리채소
- **원산지** 유라시아 대륙 북부 지방
- **영양소** 비타민류와 미네랄, 칼륨, 마그네슘, 아연 등

우엉아, 넌 '장속 청소부'로 불린다지? 왜 그런 거야?

우엉: 그야 식이 섬유가 풍부하기 때문이지. 내 몸속에는 채소치고는 드물게 불용성과 수용성 식이 섬유가 골고루 들어 있거든.

식이 섬유에는 두 종류가 있는데, 물에 녹는지 아닌지에 따라 수용성과 불용성으로 나뉘어져.

물에 녹지 않는 불용성 식이 섬유는 장운동을 촉진시켜서 배변이 잘되도록 도와줘. 현미, 보리, 귀리, 콩, 팥, 양배추, 상추, 고사리, 양파, 치커리, 표고버섯 등에 많이 들어 있어.

반면, 물에 녹는 수용성 식이 섬유는 콜레스테롤 수치 및 인슐린(췌장에서 나오는 호르몬의 일종으로, 이게 부족하게 분비되면 당뇨병이 발생) 분비를 조절하는 데 도움을 주는 걸로 알려져 있어. 사과, 바나나, 감귤류에 많고, 한천과 미역, 다시마 등 해조류에도 풍부하게 들어 있지.

수용성 식이 섬유는 음식물을 감싸서 장속을 지나 찌꺼기를 몸 밖으로 내보내는 역할을 해. 수용성 식이 섬유가 감싼 음식물은 장을 지날 때 속도가 느려져서, 영양소가 천천히 흡수되게 하지. 그래서 급하게 먹는 식사 습관으로 생기는 병을 예방하는 역할도 해 줘.

그러니 두 종류의 식이 섬유가 풍부하게 들어간 날 즐겨 먹으면 어떻게 되겠어? 변비 걱정 끝! 최상의 장속 환경 유지!

그렇다 보니 '장속 청소부'로 불리게 된 거야.

우엉이 뭘까?

• 우엉 뿌리와 우엉꽃

우엉은 오독오독 씹히는 맛이 좋은 채소야. 밭에서 길러 먹는 뿌리채소로, 뿌리가 30~60센티미터까지 곧게 자라나지.

우엉 뿌리는 검은색이지만, 껍질을 벗기면 흰색 살이 나와.

입맛을 돋우는 그윽한 향과 사각사각, 오독오독 씹히는 독특한 식감 때문에 우리나라에서는 인기가 높은 식재료이지.

보통 봄이나 가을에 씨를 뿌려서 이듬해 봄이나 가을에 캐 먹어.

최고의 약재, 우엉

• 말린 우엉 뿌리

동양에서 우엉은 예로부터 약재로 쓰였어.

우엉의 뿌리와 씨앗은 오장의 나쁜 기운을 없애 주고, 하복부의 통증을 없애 주는 효과가 있는 걸로 알려졌기 때문이지. 우엉 뿌리는 특히 중풍 예방에 좋아. 씨앗은 오줌을 잘 나오게 하고, 해독 능력이 뛰어나다고 해.

그래서 중국에서는 우엉 씨앗을 '악실'이라고 부르며 중요 약재로 여졌어. 우리나라 한방에서도 말린 우엉 뿌리를 '우방근', 말린 우엉 씨앗을 '우방자'라 부르며 약재로 많이 사용해 왔어.

한국과 일본에서 좋아하는 채소, 우엉

우엉은 세계 각지의 산과 들에서 저절로 잘 자라지만, 식용으로 쓰는 나라는 별로 없어.

우엉을 음식 재료로 다양하게 이용하는 나라는 한국, 일본, 대만 등 몇 나라뿐이지. 서양에서는 대부분 관상용 식물로 생각하거든.

우리나라에서는 우엉을 식재료로 이용해. 간장에 졸여서 김밥 재료로 쓰고, 장아찌를 담그기도 하지. 우엉김치도 인기가 높아.

일본 사람들도 초밥 재료로 우엉을 사용해. 그리고 우엉을 끓이고 우려서 우엉차로 즐겨 마시지.

우엉으로 만드는 맛있는 음식

우엉조림, 우엉차, 우엉김밥, 우엉김치,
우엉고추장구이, 우엉장아찌

껍질에 영양분이 많으니까, 껍질을 두껍게 벗겨 내지 마!

우엉김밥

미나리 water dropwort

- **종류** 잎줄기채소
- **원산지** 동남아시아 지역
- **영양소** 비타민 A, 비타민 B1, 비타민 B2, 비타민 C, 단백질, 철분, 칼슘, 인 등 무기질과 섬유질이 풍부함.

미나리야, 널 왜 '3월의 건강 채소'라 부르는 거야?

미나리: 3월은 봄이고, 한창 봄나물을 즐기는 때야. 추운 겨울 동안 맛보지 못했던 싱그러운 봄나물의 계절인 거지. 그 나물들 중에 내가 최고로 좋은 채소라서 '3월의 건강 채소'로 불리는 거야.

3월을 대표하는 봄나물에 뭐가 있냐고?

달래, 냉이, 봄동 등 아주 많아. 그렇지만 그 모든 채소들 중에 최고는 나란 말씀!

난 푸릇푸릇 싱그러운 모습에 은은하고 향긋한 냄새를 갖고 있지. 영양소도 풍부해서 건강 채소로 꼽혀.

겨우내 채소를 적게 섭취한 사람들의 몸에 가장 필요한 게 뭘까? 바로 식이 섬유!

내 몸에는 특히 식이 섬유가 풍부해서 사람들 몸속에 쌓인 노폐물을 싹 씻겨 주지. 게다가 내 몸에 들어 있는 페르시카린이라는 성분도 노폐물과 독소를 배출하는 데 도움이 된다고 알려져 있어. 한마디로 해독 능력이라면 나, 미나리를 따를 채소가 없는 거지.

어디 그뿐이겠어? 변비를 예방하고, 혈압을 낮춰 고혈압을 예방하는 효과도 탁월해.

어때? 이 정도면 봄나물의 대표로 꼽힐 만하지?

미나리꽝이 뭘까?

옛 조상들은 미나리를 기르는 논을 두고 '미나리광'이라고 불렀어. '광'이란 순우리말로 '창고'라는 의미인데, '광' 자를 세게 발음해서 '미나리꽝'이라 부르기도 했지. 논이나 밭에 미나리를 재배하는 곳을 따로 두고 관리할 정도로 옛사람들은 미나리를 즐겨 먹었던 거야.

미나리는 생명력이 강하기로 유명해. 논이나 물기가 있는 밭, 물이 잘 흐르는 곳이나 습지, 하천 주변, 우물가에서도 잘 자라. 그뿐인가? 추위에도 강해서 얼음 덮인 하천에서도 잘 얼어 죽지 않아. 그래서 어디서든 흔하게 볼 수 있는 친근한 채소였지.

우리 조상들은 겨우내 기른 미나리를 정월 대보름쯤부터 먹기 시작해 봄철 내내 나물로 맛있게 요리해 먹었어.

'나리'는 풀이라는 의미로, '미나리'는 '물에서 자라는 풀'이란 뜻이야.

+ 이것도 궁금해! +

제철 채소를 알아보자!

• 요즘은 거의 대부분의 채소를 계절과 관계없이 비닐하우스에서 재배하지. 그래서 사시사철 어떤 채소든 먹을 수 있어.

하지만 자연 상태에서 자라는 채소에게는 각각 제철이 있어. '제철'은 '딱 좋은 시기'란 뜻으로, 채소마다 잘 자라서 먹기에 가장 적합한 시기가 있거든.

모든 채소는 바로 그 제철에 나는 게 가장 맛있고, 영양소가 풍부해.

봄 채소	여름 채소
달래, 미나리, 우엉, 냉이, 더덕, 쑥, 취나물, 두릅 등 우엉 미나리	옥수수, 도라지, 수박, 참외, 감자, 고구마, 토마토 등 고구마 옥수수
가을 채소	**겨울 채소**
무, 호박, 배추, 당근 등 무 호박	시금치, 무, 배추, 우엉, 생강 등 시금치 생강

미나리의 특별한 정화 능력

미나리는 비타민과 무기질이 풍부하게 함유된 알칼리성 식품이야. 고지방 식단으로 인해 산성으로 변한 체질을 중화하는 데 효과가 있다고 알려져 있어. 또한 칼륨이 많아서 중금속과 나트륨 등의 해로운 성분을 몸밖으로 내보내는 데 도움을 주지.

미나리는 강이나 하천에도 큰 도움을 줘. 벌레와 질병에도 강한 미나리는 물을 정화하는 능력도 뛰어나거든.

그래서 옛날에는 어느 마을에서나 흔하게 볼 수 있던 미나리가 마을의 정화조 같은 역할을 했어. 마을의 오염된 물이 큰 냇물이나 강으로 흘러가기 전, 마을 곳곳에서 자라던 미나리가 그 물을 정화시켜 깨끗하게 만들었으니까 말이야.

다양한 미나리

미나리는 크게 물미나리와 돌미나리, 두 종류가 있어.

물미나리는 논에서 재배되는 미나리라 '논미나리'라고도 하는데, 뿌리가 물에 잠겨 자라는 미나리야. 줄기가 길고 잎이 연해.

반면 돌미나리는 습지나 물가에 야생하는 것으로, 물 근처 흙에 뿌리를 박고 자라. 줄기가 짧고 잎사귀가 많으며, 물미나리보다 향이 강하지. 하지만 요즘에는 대부분 비닐하우스에서 재배해.

미나리로 만드는 맛있는 음식

미나리비빔밥, 미나리무침,
미나리김치, 미나리전

미나리전

여주

balsam pear, balsam apple, bitter melon, bitter gourd 등

- **종류** 열매채소. 열대 과일 중 하나인데 수박, 멜론 등과 같은 박과 식물이라 과일 채소로 분류됨.
- **원산지** 인도를 포함한 열대 아시아 지역
- **영양소** 각종 비타민이 풍부하고, 미네랄과 천연 인슐린 성분이 들어 있음.

여주야, 사람들이 널 '도깨비방망이'라 부르더라. 왜 그런 거야?

여주 : 내 모습을 봐. 기다란 방망이처럼 생겼잖아. 게다가 울퉁불퉁, 혹 모양의 돌기로 덮인 모습이 마치 도깨비들이 들고 다닌다는 도깨비방망이 같지 않아?

한국에서는 날 '당뇨 잡는 도깨비방망이'라고 부르기도 해.

• 방망이처럼 생긴 여주

내게는 천연 인슐린 성분이 풍부한데, 그 때문에 당뇨병에 아주 좋다고 알려져 있거든.

하지만 내가 당뇨병에 특별한 효능이 있는지는 과학적으로 아직 확실히 밝혀진 정보가 없어.

그래도 내 열매와 씨에는 각종 비타민, 미네랄과 항산화제 역할을 하는 페놀류, 카로티노이드, 이소플라본 등의 영양소가 풍부해. 그 때문에 건강에 좋은 웰빙 식품으로 꼽히지.

난 세계 곳곳에서 다양한 이름으로 불려. 영어권에서는 '비터 멜론(bitter melon)', '발삼 애플(balsam apple)' 등으로 불리고, 일본에서는 '고야', 인도에서는 '카라벨라'라고 하지. 특유의 쓴맛 때문에 쓴 과일이라는 의미의 '고과(苦瓜)', '쓴 오이'라고도 불려.

+이것도 궁금해!+

여주, 쓴맛의 정체

- 여주는 강한 쓴맛으로 유명해.

이런 쓴맛은 여주 속에 있는 모모르데신, 알칼로이드 성분 때문이야. 예전에는 쓴맛 때문에 관상용으로만 길렀다고 해.

그런데 이 두 성분은 몸에 아주 좋아. 위장을 튼튼하게 하는 성분으로, 특히 입맛을 돋우는 데도 효과가 있지.

옛말에 "입에 쓴 약이 병에는 좋다."라는 말이 있지?

여주가 그 말에 꼭 맞는 채소인 거야.

그래도 쓴 여주 맛은 싫다고? 그럼 여주의 쓴맛을 줄이는 방법을 알려 줄게.

여주의 쓴맛을 줄이는 법

① 여주의 씨와 속을 파내고 얇게 썰어.

껍질은 울퉁불퉁하고, 껍질 속 하얀 부분에는 씨앗이 많이 들어 있는데, 하얀 부분과 씨앗은 제거해.

② 20분 정도 소금물에 담그거나

얼음물에 10분 정도 담가.

이렇게 쓴맛을 빼낸 뒤 요리에 이용해.

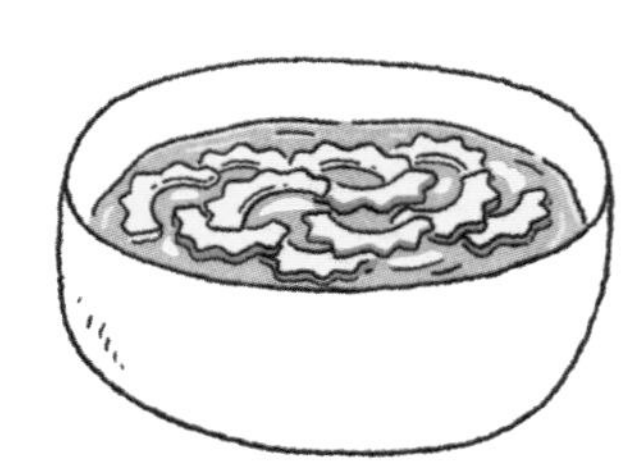

여주의 씨만 먹었다고?

• 빨간 과육
안에 든 여주씨

1990년대까지만 해도 우리나라에서는 여주의 껍질을 요리로 쓰지 않았어.

여주가 노랗게 익으면 안에 있는 씨를 발라 먹고, 껍질은 버리는 걸 당연하게 여겼거든.

잘 익은 여주의 씨앗은 빨간 과육이 감싸고 있어. 씨앗을 감싼 빨간 과육은 매끌매끌하고 쫀득한 식감으로, 달콤한 맛을 내지.

또한 여주를 차로 끓여 마시기도 했어. 예전에는 여주를 수세미나 조롱박과 함께 정원에서 관상용 화초로 키우기도 했어.

그러다 최근에 당뇨에 좋다고 알려지고, 웰빙 식품으로 각광받으면서 요리 재료로 다양하게 활용하게 됐지.

여주로 만드는 맛있는 음식

여주장아찌, 여주차, 여주무침,
여주계란볶음, 여주주스

• 여주계란볶음

오이 cucumber

- **종류** 열매채소
- **원산지** 인도 히말라야 지역과 네팔
- 우리나라에는 약 1500년 전, 삼국 시대에 중국에서 들어온 걸로 추정됨.
- **영양소** 비타민 C, 비타민 K, 마그네슘, 칼륨 등

오이야, 오이 팩은 피부에 왜 좋은 거야?

오이: 그 이유를 모른다고? 그럼 잘 들어 봐.

내 몸은 90퍼센트 이상이 수분으로 구성됐어. 그 때문에 몸을 시원하게 해 주며 열을 식혀 주는 효능이 커. 그래서 옛날 사람들은 불에 덴 곳이나 햇볕에 익은 상처에 날 얇게 썰어 붙이곤 했지.

실제로 난 햇볕에 달아오른 피부의 열기를 가라앉히는 진정 효과가 탁월해. 게다가 내게 풍부한 비타민 C가 피부를 밝아 보이게 하지. 그러다 보니 피부에 좋은 채소로 불리며 미용 팩으로 애용돼 왔지.

현재도 오이 마스크 팩이나 오이 비누, 향수 등으로 만들어져 인기를 한 몸에 받고 있지. 더욱이 미용 제품의 한류 열풍에도 한몫을 단단히 하고 있어.

난 최고의 다이어트 식품으로도 인기가 높아. 칼로리가 낮고, 지방 함량이 적기 때문이지. 또한 수분이 풍부해서 다이어트를 하면서 부족해질 수 있는 수분을 보충할 수 있는 최고의 채소로 불려.

+ 이것도 궁금해! +

노각이 뭘까?

• 노각

● 오이는 암꽃과 수꽃이 따로 피어. 우리가 먹는 오이는 암꽃의 씨방이 자라난 것으로, 열매에 해당해. 그리고 길쭉하게 자란 오이 열매에는 가시처럼 생긴 돌기가 오톨도톨 나 있지.

오이는 진한 초록색이지만, 다 익으며 누렇게 바뀌어. 그래서 그 전에 초록 오이를 따서 먹지. 그렇지만 오래도록 따지 않아 누렇게 익은 오이도 맛이 좋아. 그걸 '노각(老角)'이라고 하는데, '늙은 오이'란 뜻이야. 노각은 질겨진 껍질을 벗기고 씨를 파낸 다음, 무치거나 장아찌를 담그면 맛이 아주 좋아.

• 누렇게 익은 오이, 노각

별미인 노각무침을 만들어 보자

준비물: 노각 1개

***절임 재료:** 소금 반 큰술, 설탕 반 큰술, 식초 1큰술

***양념 재료:** 쪽파 1큰술, 다진 마늘 반 큰술, 고추장 1큰술,

고춧가루 1큰술, 간장이나 액젓 반 큰술, 참기름과 깨소금 조금

① 노각 껍질을 벗기고 반으로 가른 뒤, 5밀리미터 크기로 썰어.

② 볼에 넣고 굵은 소금, 식초, 설탕을 넣어 버무린 뒤, 10분가량 절여.

③ 꾹 눌러 수분을 제거해. 썰어 둔 파와 다진 마늘, 고춧가루, 고추장, 간장, 깨소금, 참기름을 넣고 조물조물 버무려 주면 끝!

상큼한 노각 무침 완성!

위인들의 태몽에 자주 등장한 오이

우리나라 위인들의 탄생 설화나 태몽에 유난히 오이가 자주 등장해.

오이에 대한 최초의 기록도 도선이라는 위인의 탄생 설화에 등장해. 도선은 신라 말기와 고려 초기에 활약한 유명한 사상가야.

도선의 탄생 설화를 들어 봐.

어느 날 도선의 어머니가 냇가에 나가 놀았어. 그런데 맛있게 생긴 오이 하나가 두둥실 떠내려오더래.

"웬 오이람. 참 맛있게 생겼네."

도선의 어머니는 오이를 건져 날름 먹어 버렸지.

그러고 난 뒤에 도선의 어머니는 임신을 했고, 열 달 뒤에 아이를 낳았어. 그 아이가 바로 도선이었다는 거야.

고려의 건국 공신 중 한 명인 최응의 태몽에도 오이가 등장해.

최응의 어머니가 최응을 임신했을 때, 오이 넝쿨에 오이가 맺히는 꿈을 꿨다는 거야.

그만큼 우리 조상들은 오이가 좋은 의미를 가진 채소라고 생각한 거지. 그래서 오이 태몽을 꾸면 부귀영화를 누릴 자손을 얻는다고 생각했어.

오이로 만드는 맛있는 음식

오이소박이, 오이냉국, 오이무침,
오이지무침, 오이김밥, 오이피클

오이소박이

도라지

balloon flower(root), bellflower(root)

- **종류** 뿌리채소
- **원산지이자 주요 분포 지역** 중국, 한국, 일본 등
- **영양소** 식이 섬유와 단백질, 칼륨, 인, 칼슘, 마그네슘 등

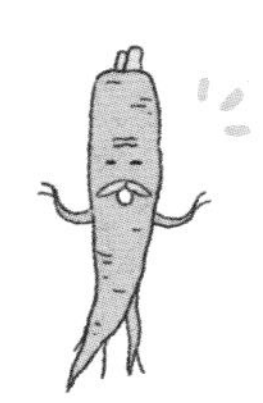

도라지야, 목이 아플 땐 널 먹으라고 하더라. 왜 그런 거야?

도라지 : 그건 내가 기관지에 아주 좋은 채소이기 때문이야.

날 요리해 먹으면 특유의 쓴맛이 나. 그건 내 몸속 사포닌이라는 성분 때문이야. 사포닌은 기관지의 점액 분비를 활발하게 해서 기관지를 튼튼하게 만들어 주지.

또한 기관지 염증을 완화시켜 줘서 기침이나 가래를 삭이는 데 효과가 좋지.

한방에서는 도라지를 '길경'이라 부르며 약재로 사용해. 길경은 도라지 껍질을 벗기거나 그대로 말린 거야. 열을 내리고, 염증을 치료하는 효과가 있다고 하지.

특히 오래된 도라지는 산삼이나 인삼보다 약의 효과가 뛰어나서 3년 이상 된 도라지는 '약도라지'라고 불러.

혹시 목감기에 자주 걸리거나 미세 먼지로 목이 자주 칼칼하니?

도라지차를 마시고, 도라지 요리를 즐겨 먹어 봐. 그럼 "도라지야, 정말 고마워." 하고 소리치게 될 거야.

• 도라지 뿌리와 꽃

+ 이것도 궁금해! +

도라지 노래

• 도라지는 우리나라 어디서나 즐겨 먹는 식재료로 예로부터 사랑을 받아 왔어. 그 사랑이 얼마나 대단한지, 도라지를 소재로 한 경기도 민요 '도라지 타령'이 만들어졌을 정도야.

*** 도라지 타령**

도라지 도라지 백도라지 심심산천에 백도라지

한두 뿌리만 캐어도 대광주리로 철철 넘누나

에헤요 에헤요 에헤애야 어여라 난다 지화자 좋다

저기 저 산 밑에 도라지가 한들한들

예쁜 도라지꽃

도라지꽃

도라지는 산에서 저절로 자라기도 하고, 밭에 심어 기르기도 해. 햇볕이 잘 드는 곳이라면 어디서든 잘 자라지.

줄기는 높이 50센티미터까지 곧게 자라는데, 우리가 먹는 건 뿌리 부분이야.

도라지는 7, 8월이면 보라색이나 흰색의 꽃이 피어나. 도라지꽃은 어여쁜 모습으로도 유명하지.

꽃잎은 넓은 종처럼 생겼고, 끝부분이 다섯 갈래로 갈라졌어. 도라지의 꽃봉오리는 동글동글하니 공같이 부풀어 오르다가 꽃잎을 탁 펼쳐.

동글동글 부풀어 오른 꽃봉오리는 마치 풍선처럼 보이기도 하지. 도라지의 영어 이름이 'balloon flower(풍선꽃)'인 건 이런 이유 때문이야.

도라지꽃의 전설

우리나라에 전해지는 도라지꽃에 관한 전설이 있어.

옛날 어느 마을에 도라지라는 소녀가 살았어. 하루는 소녀가 뒷산에 나물을 캐러 갔는데, 산에 사는 가난한 청년을 보고는 한눈에 반하고 만 거야.

소녀는 부모님께 말도 못 한 채 상사병만 끙끙 앓았지.

그런데 그 사실을 꿈에도 모르는 부모님이 다른 사람과 소녀의 혼인 날짜를 잡아 버린 거야. 하루하루 혼인날이 다가오자, 소녀는 마음의 병을 앓다가 그만 죽고 말았지.

자신이 죽으면 뒷산에 묻어 달란 말만 남기고서 말이야.

그 뒤, 소녀의 무덤 위에는 보랏빛 어여쁜 꽃이 피어났는데, 마치 소녀의 모습 같았다나. 그래서 사람들은 그 꽃을 '도라지'라고 불렀대.

도라지로 만드는 맛있는 음식

도라지오이무침, 도라지볶음,

도라지튀김, 도라지차, 도라지생채

도라지볶음

특별 취재 수첩

이럴 땐 이 채소를 먹자!

- 변비 걱정, 다이어트 걱정, 작은 키 걱정……. 걱정이 너무 많아.

이럴 때도 채소가 도움이 될까?

“그럼! 그럼!”

오호! 채소들이 직접 알려 주겠다고 하네.

채소들아, 이런 고민이 있을 땐 어떤 채소가 좋을까?

아토피가 걱정이라면? (당근, 생강, 콩, 무, 부추)

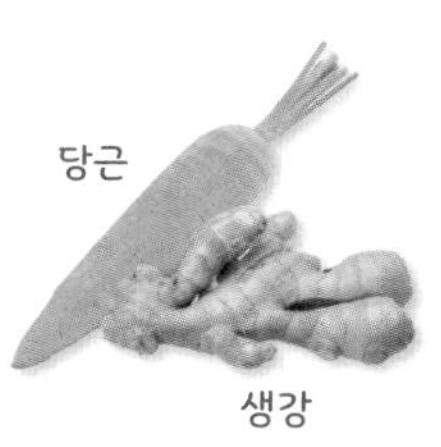

“아토피가 있다면 우리를 먹어. 아토피에는 우리처럼 피를 맑게 하고, 혈액 순환에 도움을 주는 채소가 좋거든.”

변비가 걱정이라면? (당근, 무, 시금치, 토마토, 호박, 미나리)

“변비에는 모든 채소가 다 좋지만, 그중에서도 섬유질이 많은 우리가 최고지. 섬유질은 자신의 무게보다 많은 수분을 흡수하는 능력이 있어. 그래서 변의 양을 늘어나게 하고, 부드럽게 만들어서 배변이 쉬워지도록 해 주지.”

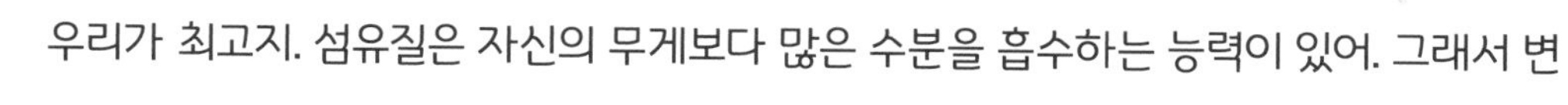

다이어트를 하고 싶다면? (오이, 토마토, 당근, 피망, 파프리카)

“다이어트에는 우리처럼 열량이 낮은 채소를 먹어야 해. 오이와 당근은 특히 열량이 낮아. 특히 오이에는 수분이 많아서 다이어트로 부족해진 수분을 보충하기에도 아주 좋아.”

브로콜리 버섯

키가 크고 싶다면? (버섯, 콩, 브로콜리, 시금치)

"키가 크려면 뼈가 튼튼해야 해. 뼈 성장에는 단백질과 칼슘이 필요하지. 그러니까 단백질이 풍부한 우리가 최고야. 버섯과 콩에는 고기만큼 단백질이 풍부한 거 알지? 또한 브로콜리와 시금치 등의 녹황색 채소에는 칼슘과 철분이 아주 풍부해."

배추 상추

머리가 좋아지면 좋겠다고? (콩나물, 배추, 상추)

"그럼 우리를 많이 먹어. 비타민 C가 풍부한 우리는 뇌에 큰 도움을 주거든. 뇌에는 좌뇌와 우뇌가 있잖아. 비타민 C는 좌뇌와 우뇌가 교류하는 데 꼭 필요한 영양소야."

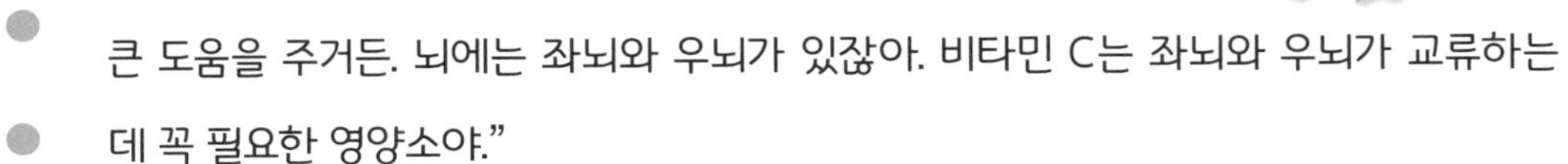

채소는 우리 몸이 자라는 데 도움을 주지.
우리 몸에는 또 어떤 채소가 좋을까?

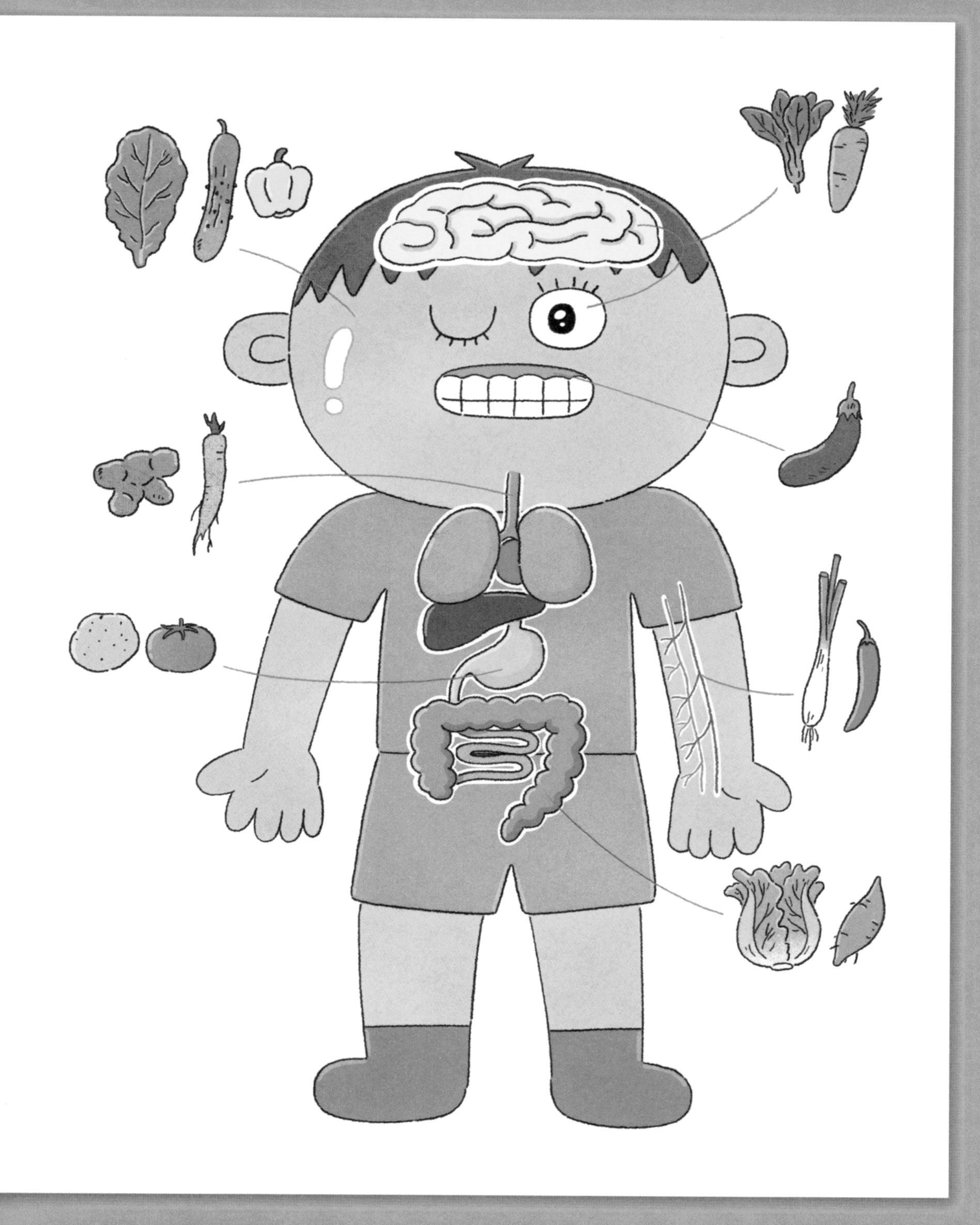

부추 garlic chives

- **종류** 잎줄기채소
- **원산지** 중국 서북부
- 우리나라에서는 고려 시대 이전부터 재배됨.
- **영양소** 베타카로틴, 비타민 A, 비타민 B, 비타민 C, 비타민 E, 칼륨과 칼슘 등

부추야, 넌 힘을 북돋아 주는 채소로 유명하더라. 왜 그런 거야?

부추: 그거야 날 먹으면 건강해져서 힘이 쑥쑥 솟기 때문이지.

내 몸에는 각종 비타민이 가득해서 '비타민의 보고(보물 창고)'로 불리거든. 비타민 A·B·C 등과 베타카로틴, 철, 칼슘 등이 풍부해. 그래서 혈액 순환을 원활하게 하고, 소화 기관을 튼튼하게 해 주지.

내게서는 황화 알릴이라는 성분 때문에 독특한 향기가 나는데, 그 냄새도 힘을 돋우어 줘. 황화 알릴 성분이 몸에 흡수되면 자율 신경을 자극해 에너지를 만들고, 필요 없는 물질을 몸 밖으로 내보내는 일을 활발하게 해 주거든.

그 때문에 난 '기력을 올렸다', 즉 '힘이 생겼다'는 뜻으로 '기양초(起陽草), 장양초(壯陽草)'로 불리기도 해.

그래서 옛날부터 "몸이 약해지면 부추를 먹어라."라는 말이 생겨났지.

• 부추전

난 따뜻한 성질을 가진 채소야. 그래서 몸이 찰 때 날 먹으면 혈액 순환과 몸을 따뜻하게 만드는 데 도움을 받을 수 있어.

+ 이것도 궁금해! +

부추 민간요법

● 의료 기술이 발달하지 않았던 옛날에는 약초나 나무, 풀 등으로 병을 치료하곤 했어. 이렇게 민간에서 흔히 사용되는 질병 치료법을 민간요법이라고 해.

그런데 부추는 다양한 질환의 민간요법에 이용됐다고 해. 부추에는 살균 효과가 있기 때문이야.

· 항문 질환인 치질, 치루 등 → 부추 삶은 물로 씻기.

· 음식을 잘못 먹고 설사할 때 → 부추 꽃대를 진하게 달여 먹기.

· 식중독에 걸렸을 때, 천식이 심할 때 → 부추즙을 마시기.

부추의 다양한 이름

• 꽃이 핀 부추

부추는 특별히 거름을 주지 않아도 쑥쑥 자라는 생명력이 아주 강한 식물이야. 그래서 뿌리만 남겨 두고 잎을 싹둑싹둑 잘라서 먹어도 금세 새잎이 돋아나지.

부추는 이름도 다양해.

전라도에서는 '솔'이라고 하는 반면, 경상도에서는 '정구지'라고 불러. 충청도에서는 '졸'이라고 부르고, '소풀, 부채, 부초, 나총'이라고 부르는 곳들도 있지.

부추는 잎줄기만 먹는 게 아니라 씨앗도 한방의 약초로 사용하지. 씨앗은 몸을 따뜻하게 하는 효과가 크다고 해.

부추의 전설

옛날 어느 깊은 산속에 한 부부가 살았어. 하루는 그 집에 스님이 시주를 받으러 왔는데, 스님이 부인의 안색을 살피며 걱정스레 물었어.

"무슨 걱정이 있습니까?"

부인의 얼굴에 근심이 가득해 보였던 거야. 그러자 부인이 한숨을 내뱉으며 말했지.

"남편이 오래도록 이유도 모를 병을 앓고 있습니다. 남편의 병을 고칠 방법이 없을까요?"

그러자 주변을 살피던 스님이 담벼락에 무성하게 자란 풀을 가리키며 말했어.

"저 풀을 잘라서 매일 먹이십시오. 그럼 좋아지실 겁니다."

'저 풀 따위가 무슨 약이 될까?'

의문스럽긴 했지만, 부인은 스님이 시킨 대로 그 풀을 잘라 매일 남편에게 먹였지.

그러자 얼마 지나지 않아 남편이 병을 털어 내고 건강해진 거야.

"세상에나! 정말 이 풀이 명약이었네, 명약!"

부인과 남편은 그 신기한 풀을 집 안 가득 키우기로 했어. 마당도 모자라서 아예 집까지 부수고 그 자리에 풀을 가득 심었지.

그 풀이 바로 부추!

그래서 부추는 '집을 부수고 심은 풀'이라는 의미로 '파옥초(破屋草)' 라고도 해.

부추로 만드는 맛있는 음식

부추무침, 부추전, 부추김치,
부추만두, 부추계란볶음

부추만두

냉이 shepherd's purse

- **종류** 뿌리채소
- **원산지** 소아시아와 동유럽으로 추정.
- **영양분** 단백질, 비타민 A와 C, 칼슘 등

냉이야, 널보고 '황폐화된 토양을 비옥하게 만드는 식물'이라고 하더라. 왜 그런 거야?

냉이 : 난 햇볕이 잘 드는 곳이면 밭이나 밭둑, 길가 등 어디서나 잘 자라. 그래서 날 흔한 잡초로 여기는 사람도 많지.

하지만 난 아주 특별한 식물이야.

가을에 싹이 터서 겨울을 보낸 뒤 봄에 먹는 채소로, 뿌리가 튼실하고 아주 길어. 그래서 사람들은 날 캘 때 호미를 이용해서 뿌리째 캔단다.

• 긴 뿌리 덕분에 겨울에도 싱싱!

그런데 바로 이 뿌리가 토양을 비옥하게 만드는 데 큰일을 하는 거야. 난 긴 뿌리를 이용해 땅속 깊이 들어 있는 미네랄이나 영양분을 황폐화된 토양의 위쪽까지 쭉 끌어 올리거든.

흙이 꽁꽁 얼어붙는 겨울철에도 내가 싱싱한 모습으로 파릇파릇 자랄 수 있는 것도 바로 긴 뿌리 덕분이지.

이렇게 좋은 영양분을 뿌리로 흡수하며 자라니까, 내 몸속에는 질 좋은 영양소가 가득할 수밖에 없어. 그러니까 난 땅도 비옥하게 만들지만 사람들의 몸도 튼튼하게 해 주고 있는 거야.

어때? 정말 고마운 채소지?

+ 이것도 궁금해! +

도로변에 난 냉이는 먹으면 안 되는 이유

• 냉이는 생명력과 번식력이 강해서 길가에서도 잘 자라. 그래서 차들이 달리는 도로변에서도 봄철이면 흔히 볼 수 있지.

하지만 도로변이나 차가 다니는 길가에 난 냉이는 먹으면 안 돼.

그런 곳은 환경 오염이 심해서 냉이가 중금속을 머금었을 가능성이 있기 때문이야. 실제로 한 연구 기관에서 도로변에서 자란 냉이를 검사해 봤어. 그랬더니 자동차 배기가스에 포함된 납과 카드뮴이 냉이에 흡수돼 식용 기준치를 훨씬 초과하는 양이 검출됐거든.

냉이만이 아니야. 가로수에서 떨어진 은행 열매나 감, 길가에 피어난 쑥 등도 마찬가지야. 절대 먹어서는 안 돼.

냉이를 먹는 풍습, 일본의 나나쿠사가유

• 나나쿠사가유

냉이는 씀바귀, 달래, 꽃다지 등과 함께 이른 봄에 캐 먹는 대표적인 들나물로 꼽혀.

특히 냉이는 향긋한 향 때문에 입맛을 돋우는 봄 채소로 인기가 많지. 옛 조상들은 봄소식과 함께 얼었던 땅이 녹기 시작하면, 냉이를 캐서 향긋한 냉잇국이나 냉이무침을 해 먹으며 겨우내 잃었던 입맛을 되찾았지.

일본에서는 1월 7일에 냉이를 포함한 일곱 가지 채소를 넣은 죽, 나나쿠사가유(七草粥)를 먹는 풍습이 있어.

나나쿠사가유란 그 해의 건강을 빌며 약해진 위를 달래기 위해 먹는 음식으로, 천 년 이상 이어져 온 전통 문화라고 해.

일곱 가지 채소는 지역에 따라 조금씩 다르지만, 봄에 나는 나물로 보통 냉이, 미나리, 쑥, 별꽃, 광대나물, 순무, 무 등이 들어가.

각각의 나물에는 저마다의 의미가 담겨 있는데, 냉이에는 나쁜 것을 쫓는다는 의미가 담겨 있어.

냉이로 만드는 맛있는 음식

냉이된장국, 냉이밥, 냉이무침, 냉이부침개

• 냉이무침

쑥 mugwort, wormwood

- **종류** 잎채소
- **원산지** 한국, 중국, 일본 등 동아시아 지역
- **영양소** 카로틴, 비타민 A, 비타민 C, 칼슘, 인, 철분 등

쑥아, 우리 조상들은 집집마다 쑥을 말려 두고 썼대. 왜 그런 거야?

쑥: 맞아. 옛날에는 사람들이 날 짚이나 새끼로 엮어서 말려 두고 일 년 내내 사용했어. 그만큼 쓰임새가 컸다는 거지.

자, 그럼 내가 어떻게 쓰였는지 알려 줄게.

어린 쑥과 쑥잎은 쑥국을 끓여 먹거나 쑥떡을 해 먹었지.

또한 베어서 말려 달여 먹으면 간에 아주 좋은 약재가 됐지.

쑥잎을 말려 비빈 다음에 모아서 뜸을 뜨기도 하고, 생쑥은 찧어서 상처에 붙이면 잘 나았지. 내겐 상처를 소독하고 아물게 하는 성분도 있거든.

어디 그뿐이야? 쑥대는 잘라서 모깃불로 지피면 모기들이 내 냄새가 싫다면서 도망을 가네.

이러니 나보다 더 쓰임새가 좋은 식물이 어딨겠어?

• 말린 쑥잎

그야말로 없어서는 안 될 소중한 채소!

그러다 보니 너도나도 쑥을 캐서 말려 두고 비상약 겸 식재료로 사용한 거야.

+ 이것도 궁금해! +

쑥과 화타

● 화타는 중국 후한 시대의 의사로, 동양 최고의 명의로 불렸어. 그런 화타에게는 쑥과 관련된 재미난 이야기가 전해져.

하루는 한 젊은 남자가 화타를 찾아왔어. 눈과 얼굴이 누렇게 변하고, 바싹 마른 남자였어. 한눈에 봐도 큰 병이 든 환자였지.

남자는 화타를 보자마자 애타게 매달렸어.

"화타 님, 제 병을 좀 고쳐 주세요. 제발 살려 주십시오."

하지만 화타는 금세 그의 병을 알아내고는 고개를 저었어.

"황달이 심한 걸로 봐서 이미 폐까지 상한 듯하오. 이미 늦었소. 내겐 방법이 없소."

화타의 말에 남자는 낙심해서 울며 돌아갔지.

그런데 6개월쯤 지난 어느 날이었어. 길을 가던 화타는 한 남자를 보고 화들짝 놀라고 말았지. 환자로 왔던 그 남자가 당당히 길을 걷고 있었거든. 그것도 아주 건강해진 몸으로 말이야.

"절대 살 수 없는 병이었는데……. 어찌 아직도 건강하게 살고 있을꼬?"

화타는 남자를 붙잡고 물었지.

"어떻게 살아난 거요? 무슨 약을 쓴 것이오?"

그런데 남자의 대답이 놀라웠어.

"약은 쓴 적 없습니다. 약은커녕 먹을 게 없어서 들에 난 풀만 먹었는걸요."

"그럼 그 풀이 뭐요? 그걸 좀 보여 주시오."

화타는 남자를 따라가서 그 풀을 확인했지. 그 풀은 바로 산기슭에 자라는 쑥!

"오호! 이게 바로 병을 고친 약초였구나."

집으로 돌아온 화타는 황달에 걸린 환자들에게 쑥을 달여 먹였어. 그런데 어쩐 일인지 환자들이 낫질 않는 거야. 효과가 전혀 없었던 거지.

화타는 다시 남자를 찾아가서 따졌지.

"내게 거짓말을 한 거요? 잘못 가르쳐 준 건 아니오?"

"아닙니다. 분명 전 그걸 삼월 내내 먹었습니다요."

"삼월 쑥을 먹었다고?"

그제야 화타는 손뼉을 탁 쳤어.

"아! 삼월 쑥! 그게 약이로구나."

쑥 중에서도 3월에 캔 쑥! 그게 바로 병을 낫게 하는 명약이었던 거야.

그 뒤로 화타는 3월에 캔 쑥을 약으로 써 환자들의 병을 고쳤어. 그리고 3월에 캔 쑥을 '인진쑥'이라고 부르며 시까지 지어 남겼지.

"삼월 인진쑥, 사월 제비쑥. 후세 사람들아, 반드시 기억해 다오.

삼월 인진쑥은 병을 고치지만, 사월 제비쑥은 불쏘시개일 뿐이라네."

실제로 3월에 캐는 인진쑥은 탄닌 성분이 풍부해서 장 기능을 개선하고, 약해진 간에 도움을 준다고 해.

쑥의 놀라운 생명력

• 강한 생명력을 가진 쑥

쑥은 강한 생명력으로 유명해.

제2차 세계 대전 당시, 일본 히로시마에 원자폭탄이 떨어진 적 있었어. 당시 생명체들은 모두 잿더미가 됐는데, 그 속에서도 쇠뜨기, 협죽도와 함께 돋아난 식물이 쑥이었다고 해.

화재나 제초제 살포 등으로 황량해진 땅에서도 제일 먼저 자라나는 건 쑥이라는 거야.

전쟁이나 폭격 등으로 폐허가 된 곳을 보면 "쑥밭이 돼 버렸다."라고 하는 것도 이런 이유 때문이야. 그 정도로 쑥의 생명력이 어마어마하다는 거지.

쑥으로 만드는 맛있는 음식

쑥떡, 쑥된장국, 쑥케이크, 쑥부침개,

쑥튀김, 쑥버무리, 쑥밥

• 쑥떡

고수 coriander, cilantro

- **종류** 잎줄기채소
- **원산지** 지중해 동부
- **영양소** 비타민 C, 비타민 E, 칼슘, 철 등

고수야, 너한테서는 왜 비누 냄새가 나는 거야?

고수 : 떽! 내 몸에서 나는 향기를 고작 비누 냄새라고 표현하다니!

내 향이 매력 있다며 고수가 들어간 음식을 좋아하는 사람이 얼마나 많은 줄 알아?

내 향기는 마음을 안정시켜 주고, 입맛을 돋우는 고급스런 향이라고. 흠! 흠!

그런데 사실 비누 냄새라고 표현하는 것도 무리는 아니야. 특유의 내 향기는 알데히드라는 성분 때문인데, 실제로 비누나 로션을 만들 때도 이 화학 성분이 들어가거든.

• 독특한 향을 가진 고수

그러다 보니 나에 대해 호불호가 커. 내 향을 아주 좋아해서 고수 요리를 즐기는 사람들이 있는 반면, 그 향이 싫어서 먹지 않는 사람도 있으니까 말이야.

하지만 몇 번만 꾹 참고 내 맛을 즐겨 봐. 아마도 내 향의 매력에 빠져서 "고수! 고수!" 외치게 될 거야. 내 향은 익숙해지면 깊이 빠져드는 마력의 향이거든.

+ 이것도 궁금해! +

왜 '고수'라고 할까?

- 고수의 향은 타고난 유전자에 따라 더 강하고 역하게 느끼는 사람들이 있다고 해.

한 연구 결과에 따르면, 냄새를 맡는 후각 수용체 유전자 OR6A2에 변이가 일어난 사람은 고수에서 비누 향이나 노린재 향 등 역한 향을 맡을 확률이 높다는 거야.

'고수'라는 이름도 이 향 때문에 생겨난 말이야. '고수'는 빈대를 일컫는 그리스어 '코리스(koris)'에서 유래됐거든. 빈대에서도 고수에서 나는 향과 비슷한 향이 나서 그렇게 불렸다는 거야.

우리나라에서도 예전에는 고수를 '빈대풀'이라고도 불렀다고 해.

태국과 인도네시아 전통 요리의 주재료

고수잎과 씨

고수는 예로부터 유럽에서 육류를 저장하기 위한 향신료로 사용됐어. 동양에서도 향신료로 많이 이용되고 있는데, 비린내를 없애는 용도로 인기가 높지.

고수는 태국, 베트남 등 동남아시아 요리를 상징하는 향으로도 여겨져. 동남아시아 요리 대부분에서 고수 향을 느낄 수 있기 때문이지.

실제로 중국과 동남아시아에서는 요리를 할 때 우리나라에서 파를 사용하는 것처럼 고수를 다양하게 사용하고 있어.

따뜻한 성질의 채소, 고수

채소들 중에는 따뜻한 성질을 가진 채소가 있고, 차가운 성질을 가진 채소가 있어.

고수는 따뜻한 성질을 가진 채소로, 이런 성질의 채소는 사람의 장을 따뜻하게 해서 소화력을 높여 준다고 해.

반면에 차가운 성질을 가진 채소는 체온을 낮추고, 열을 낮춰 주는 효과가 있지.

고수 뿌리

그래서 몸이 차가운 사람은 따뜻한 성질의 채소를 먹으면 좋고, 몸에 열이 많은 사람은 차가운 성질의 채소를 먹으면 좋다고 해.

* 따뜻한 성질을 가진 채소에는 어떤 것이 있을까?

고수, 마늘, 부추, 양파, 고추 등

마늘 양파 고추

* 차가운 성질을 가진 채소에는 어떤 것이 있을까?

더덕, 청경채, 오이, 가지, 팥, 메밀 등

청경채 가지 더덕

고수로 만드는 맛있는 음식

똠양꿍(야채 향신료 수프인 똠양에 새우(꿍) 국물을 추가해서 만든 태국 요리), 베트남식 쌈, 고수김치

똠양꿍

양파 onion

- **종류** 비늘줄기채소
- **원산지** 중앙아시아
- **영양소** 황화 알릴(양파의 매운맛 성분), 칼륨, 망간, 엽산 등

양파야, 왜 널 칼로 썰면 눈물이 나는 거야?

양파: 그치? 눈이 매워지며 눈물이 날 거야. 미안!

그건 날 썰거나 다지면 내 안의 최루성 물질을 만드는 효소가 활성화되기 때문이야.

내 세포에는 황 화합물과 알리나아제라는 효소가 있어.

보통 때는 이 둘이 분리돼 있어서 눈물샘을 자극하지 않아. 그런데 날 잘게 썰거나 다지면 문제가 발생하지. 세포가 파괴되면서 서로 반응해 새로운 물질인 프로페닐스르펜산을 만들거든.

그리고 프로페닐스르펜산에 또 다른 효소가 작용하면서 눈물이 나게 하는 성분이 만들어져. 바로 이 성분이 공기 중에 뿜어져 나오면서 사람들의 코와 눈으로 들어가게 되는 거지. 그 순간 사람들은 눈물을 흘리면서 훌쩍훌쩍!

이건 비밀인데, 날 조리할 때 눈물을 안 흘릴 수 있는 방법을 알려 줄게.

칼을 물에 적신 뒤에 잘라 봐. 그럼 최루성 물질이 눈에 들어가기 전에 칼에 묻은 물에 녹아 버리거든. 양파를 냉장고에 넣었다가 조리해도 같은 효과를 볼 수 있어.

+ 이것도 궁금해! +

양파를 썰 때면 눈물이 줄줄! 눈가도 따끔따끔!

- 양파가 알려 준 방법만으론 부족해. 더 좋은 방법을 알아보자.

  * 물안경을 쓰고 썰기. 대박 효과!
  * 양파를 물속에서 썰거나, 물에 10분 정도 담가 둔 뒤에 썰기. 매운 성분이 물에 씻겨 나가서 눈이 맵지 않아.
  * 선풍기를 틀고 썰기. 매운 기체가 바람에 날아가 맵지 않을 거야.

양파의 변신!! 매운맛에서 단맛으로

• 단맛도 있는 양파

양파를 맵다면서 안 먹는 사람들이 있어.

그런데 그건 양파의 진정한 맛을 몰라서 하는 소리야. 양파에는 의외로 단맛이 숨어 있거든.

양파의 성분을 분석해 보면 수분이 93.1퍼센트 정도이고, 단맛을 내는 당질이 약 10퍼센트나 돼.

양파는 보통 매운 음식으로 알려져 있지만, 사실은 단맛도 많이 함유하고 있는 거야.

그렇다면 어떻게 조리해야 양파의 단맛을 즐길 수 있을까?

그건 간단해. 양파를 날것으로 먹지 말고 열로 조리하면 돼. 양파를 익히면 단맛이 증가하거든. 그건 유황 화합물이 분해되면서 설탕보다 50배나 단맛을 내는 프로필메르캅탄이라는 물질이 생성되기 때문이래.

또한 양파를 물에 담갔다가 조리하는 것도 매운맛을 없애는 좋은 방법이야.

양파는 뿌리일까, 줄기일까?

갈색 겉껍질 속 비늘줄기

우리가 먹는 양파는 줄기에 해당해. 양파는 비늘줄기 채소거든.

양파는 종잇장처럼 얇은 갈색 겉껍질을 벗겨 내면 층층이 겹쳐진 동그란 줄기가 드러나지. 이게 바로 우리가 먹는 비늘줄기 부분이야.

그럼 양파가 공처럼 둥그렇게 자란 이유는 뭘까?

양파의 고향은 중앙아시아 지역으로, 날씨가 건조해. 그래서 비가 내리는 시기까지 영양을 잘 저장하고 있어야 하지. 그 때문에 양파는 두터워지게 됐고, 겹겹으로 겹치면서 점차 둥근 모양이 된 거야.

양파 뿌리는 줄기 아랫부분에 파 뿌리처럼 가는 뿌리 여러 개가 한곳에 붙어 있어.

양파로 만드는 맛있는 음식

양파튀김, 양파수프, 양파전,
양파장아찌, 간장양파볶음, 양파샐러드

양파튀김

고사리 eastern brakenfern

- **종류** 잎채소
- **분포 지역** 한국, 일본, 중국, 사할린, 유럽, 캄차카 등
- **영양소** 비타민 C, 비타민 B2, 칼슘, 단백질 등

고사리야, 널 '산에서 나는 소고기'라고 부르더라. 왜 그런 거야?

고사리 : 그거야 소고기만큼 맛있어서 그런 거지.

영양소도 소고기에 뒤지지 않고 말이야. 내 몸에는 섬유질과 비타민을 비롯해 칼륨 같은 무기질이 아주 많이 들었거든. 무기질은 필수 영양 성분 중 하나야. 우리 몸의 생리 기능을 조절하는 역할을 해.

게다가 다른 채소들에 비해 단백질도 많아. 고기처럼 칼슘도 많고. 그 때문에 '산에서 나는 소고기'라는 별명을 얻게 된 거지. 난 본래 깊은 산속에서 자라거든.

난 말려 뒀다가 불려서 요리해 먹으면 더 좋아. 날 말리는 동안 내 몸속 무기질 함유량이 증가하고, 칼륨과 마그네슘, 철분 등의 함량도 높아지기 때문이지.

난 한국과 중국에서 약으로도 널리 사용되고 있어. 성질이 찬 채소라서 예로부터 열을 내리는 해열제로 쓰여 왔거든. 게다가 오줌이 잘 나오게 하고, 소화가 잘되도록 도와주지.

• 말린 고사리

+ 이것도 궁금해! +

고사리는 잎자루를 먹어

● 고사리는 아주 오래전부터 사람들이 즐겨 먹은 나물이야.
고사리는 줄기가 땅속에 있어. 땅속줄기는 얼기설기 뻗고 비늘에 싸여 있지.
줄기처럼 보이는 건 잎자루인데, 1미터까지 높이 자라기도 해.
잎은 쪽잎들이 깃털 모양으로 나란히 모여 있어.
우리가 먹는 고사리는 땅속줄기에서 올라온 어린 잎자루야. 이른 봄이면 땅속줄기 끝에서 움켜쥔 아기 손 모양의 어린 고사리순이 돋아나지. 이 순이 피면 잎이 되는데, 사람들은 이 잎이 커지기 전에 순을 꺾어서 먹는 거야.

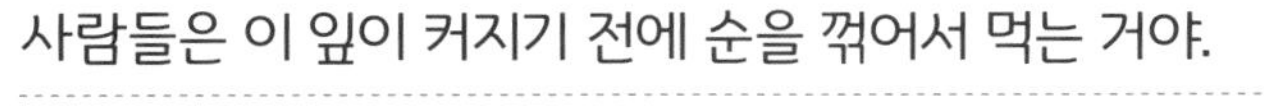

• 고사리순

• 고사리 잎자루

반드시 익혀 먹어야 해

고사리는 날것으로 먹으면 안 돼.

생고사리에는 독성 물질인 티아미나아제, 프타퀼로사이드 등이 들어 있기 때문이지.

그래서 하룻밤 정도 물에 불려서 이 성분들을 우려낸 다음에 요리해야 해.

우리나라에서는 고사리를 요리하기 전에 일단 삶아서 말리지. 이렇게 하면 독소와 함께 쓴맛이 제거돼 맛도 좋아져.

그럼 생고사리를 그냥 먹으면 어떻게 될까?

두통, 어지럼증, 무력감 등의 증상이 나타날 수 있어. 드물게는 각기병(말초 신경에 이상이 생겨 다리가 붓고, 마비되기도 하는 병)에 걸리거나, 눈이 멀 수도 있다고 해.

고사리와 고비 구분하기

고사리와 닮은 채소가 있어. 바로 고비라는 채소야.

고비도 고사리와 같은 양치식물(물과 양분이 이동하는 통로인 관다발을 가진 식물 중 꽃이 안 피고 홀씨로 번식하는 식물)이야. 어린 순을 무쳐 먹거나 국의 재료로 쓰지.

어라? 정말 고사리랑 너무 비슷하다고?

그럼 고사리와 고비의 구분법을 알려 줄게.

첫 번째로, 어린 고비는 붉은빛이 도는 솜털이 있는데 자라면서 없

• 고사리

• 고비

어져. 반면에 어린 고사리순은 초록색이야.

두 번째로, 고비는 고사리에 비해 통통하고, 뿌리에서 여러 줄기가 나와. 반면에 고사리는 한 뿌리에서 하나의 줄기만 나와.

고사리로 만드는 맛있는 음식

고사리나물볶음, 고사리들깻국,
육개장, 고사리전

고사리나물볶음

특별 취재 수첩

재미난 이색 채소!

- 세상에는 다양한 채소들이 가득해.

늘 먹는 채소들도 많지만, 우리에게는 아직 낯선 채소도 많아.

저것도 먹는 거라고?

아직은 낯설고 이상해 보이는 이색 채소!

그 채소들을 만나 보자.

차요테

못생긴 무 같기도, 오이 같기도 하다고?

모양은 이렇게 울퉁불퉁 못났지만, 아삭한 식감과 달달한 맛으로 멕시코 등지에서 인기가 많은 채소야.

이젠 제주도에서도 재배되고 있으니까 날 자주 보게 될 거야.

그냥 먹어도 맛있고, 샐러드로 만들어 먹어도 좋아.

로마네스크

난 브로콜리와 콜리플라워 품종을 개량해 만든 채소야. '로마네스크 브로콜리'라고 부르지.

채소가 아니라 꽃으로 보일 만큼 예쁘지?

이렇게 예쁜 난 샐러드로 만들어 먹으면 정말 맛있단다.

오크라

내 모습이 마치 별 같다고? 그래, 난 자르면 별 모양이 되는 오크라야.

언뜻 보면 풋고추처럼도 보일 거야.

뾰족하면서도 기다란 생김새 덕분에 외국에서는 여성의 손가락을 의미하는 '레이디스 핑거(lady's fingers)'로 불리기도 해.

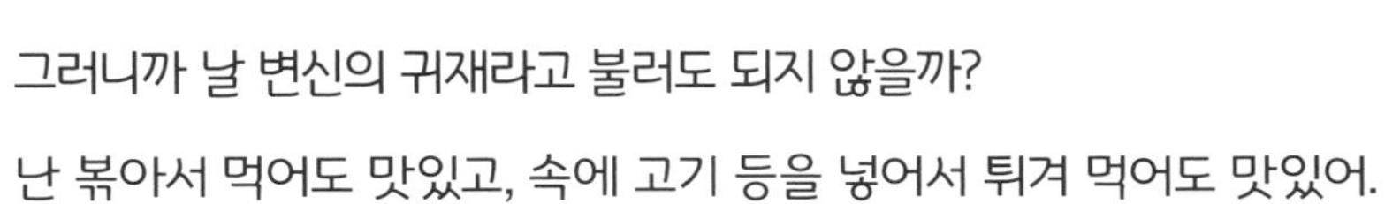

그러니까 날 변신의 귀재라고 불러도 되지 않을까?

난 볶아서 먹어도 맛있고, 속에 고기 등을 넣어서 튀겨 먹어도 맛있어.

펜넬

양파 같은 모양에 쭉 뻗어 난 줄기와 여린 잎!

이상하게 생겼다고?

무슨 소리! 난 씹을수록 맛있고, 볼수록 매력적인 펜넬이야.

생선과 육류의 비린내를 없애 주는 용도로 인기가 높고, 샐러드로 해 먹어도 아주 맛이 좋지.

어라? 미처 다 말 못 한 채소들도 몰려왔네.

자신들도 채소라며 소리치고 있어.

그래! 그래! 너희들도 채소란 거 알아.

모두 이야기하지 못해서 미안해.

그래도 사진은 찍어 줄게.

자! 모두 다 같이 김치! 찰칵!

“우리도 채소란 사실! 꼭 기억해 줘!”

사진 출처

이 책에 실린 사진에 대한 저작권은 (주)현암사에 있습니다.
그 외의 사진 출처는 다음과 같습니다.

셔터스톡

8p·172p 고추 © PixaHub, 9p 고추밭 © majorplayer, 12p·149p 피망·47p·90p·117p 콜리플라워·109p 양배추 © grey_and, 12p 파프리카 © dindumphoto, 13p 고추장아찌·44p 총각김치·74p 봄동·89p 마늘종무침·123p 시금치무침·127p 우엉김밥·148p 도라지볶음·150p 버섯·162p 쑥 © Stock for you, 14p·47p 토마토 © Bozena Fulawka, 16p 토마토·90p 셀러리·95p 애플민트·98p 치커리꽃 © Valentin Valkov, 19p 가스파초 © Pixel-Shot, 20p 감자 © mahirart, 24p 땅속 감자 © benjamas11, 25p 감자떡·172p 더덕 © mnimage, 26p·172p 가지·58p·149p 당근·96p 치커리·171p 고수잎과 씨 © Nataly Studio, 27p 가지꽃 © Imran Arafat, 31p 라타투유 © Diana Sklarova, 32p·46p·131p 옥수수 © Photoongraphy, 32p 옥수수·150p 상추 © innakreativ, 37p 옥수수 껍질 인형 © Sarycheva Olesia, 38p 수꽃 © AlyarMSD, 39p 옥수수밭 © I love photo, 타코 © from my point of view, 40p·131p·149p 무 © PorporLing, 41p 시래기나물 © Let Geo Create, 42p 말린 시래기 © totophoto k, 무밭·167p 쑥 © si dae, 45p 깍두기 © DronG, 46p·116p 아스파라거스 © MasterQ, 47p·117p 비트·81p 완두콩·90p 셀러리 © Kovaleva_Ka, 48p 고구마·131p © SOMMAI, 50p 고구마 © Sergey Dudikov, 감자 © nednapa, 51p 구약나물 © airdone, 카사바 © anny ta, 토란 © Arnont.tp, 52p 맛탕 © sasazawa, 53p 연근·106p 양배추·118p·131p 시금치·126p 말린 우엉·131p·149p 생강·144p 도라지 © JIANG HONGYAN, 55p 연꽃 © asharkyu, 57p 연근조림 © wizdata1, 61p 당근밭 © CL Shebley, 62p 당근꽃·158p 냉이 © jgdanwoo, 62p 미나리꽃 © High Mountain, 셀러리꽃 © tamu1500, 63p 당근머핀 © Jukov studio, 64p 파 © Boonchuay1970, 67p 대파 © Giuliano Coman, 쪽파 © Nuttapong, 실파 © Shoddy Photographer, 68p 비늘줄기 © Dian Zuraida, 69p 해물파전 © Brent Hofacker, 70p·150p 배추 © larisa Stefanjuk, 71p 김치 © krein1, 75p 밀푀유 전골 © Tataya Kudo, 76p 콩·81p 강낭콩·녹두콩 © KOMTHONG-APEC, 77p 콩나물 © kungfu01, 80p 완두콩밭 © Zakhar Mar, 81p 완두콩 © PhotorC, 작두콩 © panor156, 콩자

반·143p 오이소박이·161p 냉이무침 © sungsu han, 84p 마늘 © MaraZe, 86p 쿠푸왕의 피라미드 © El Greco 1973, 88p 마늘꽃 © Dan Gabriel Atanasie, 마늘종 © VetalStock, 마늘쪽 © Yevhen Roshchyn, 91p 라벤더·126p 우엉 뿌리와 꽃 © domnitsky, 92p 로즈메리 © RESTOCK images, 95p 타임·172p 마늘 © Tim UR, 95p 셀러리주스 © Molenira, 97p 말린 치커리 뿌리 © milart, 치커리차 © Madlen, 98p 치커리 뿌리와 꽃 © Madeleine Steinbach, 99p 치커리샐러드 © AS Foodstudio, 100p·131p·149p 호박 © baibaz, 100p 호박 © gpwlsl302, 101p 호박등 © Alexander Raths, 105p 호박꽃 © spline_x, 수꽃과 암꽃 © ribeiroantonio, 105p 호박전 © loveallyson, 107p 양배추 © yelantsevv, 109p 코울슬로 © Maliflower73, 110p 깻잎 © Art4Picture, 113p 들깻잎 © NARGISH, 115p 깻잎전 © ongsimi, 116p 죽순·137p 여주계란볶음 © bonchan, 116p 콜라드 © EvergreenPlanet, 116p·172p 청경채 © MR. ANUWAT, 109p·117p·150p 브로콜리·138p·149p 오이 © Khumthong, 117p 아보카도 © Carkhe, 올리브 © volkova natalia, 래디시 © Abramova Elena, 120p 시금치키슈 © New Africa, 124p·131p 우엉 © Wealthylady, 128p·131p 미나리 © Creative_Ellie, 133p 미나리전 © Minsha, 134p 여주 © kasarp studio, 135p 여주 © YuRi Photolife, 137p 여주씨 © SOMKIET POOMSIRIPAIBOON, 145p 도라지 뿌리와 꽃 © arus_korea, 147p 도라지꽃 © mizy, 152p 부추·184p 차요테 © Bowonpat Sakaew, 153p 부추전 © CHALLA_81, 155p 부추 © designer.oki, 157p 부추만두 © BirdShutterB, 159p 냉이 뿌리 © mujijoa79, 161p 나나쿠사가유 © norikko, 163p 말린 쑥 © wasanajai, 167p 쑥떡 © Minda22, 168p 고수·179p 말린 고사리 © boommaval, 169p 고수 © Likroe, 171p 고수 뿌리 © ratthanan24, 172p 양파 © Enez Selvi, 뜸양꿍 © artpritsadee, 173p 양파 © Happy Author, 176p 양파밭 © nnattalli, 177p 비늘줄기 © Vaakim, 양파튀김 © Nitr, 178p 고사리 © HikoPhotography, 180p 잎자루 © Brum, 고사리순 © Tom Meaker, 182p 고사리 © valda butterworth, 고비 © QueSeraSera, 183p 고사리나물볶음 © becky's, 184p 로마네스크 © Caito, 185p 오크라 © sevenke, 펜넬 © Valery121283

위키미디어

18p 벨라돈나 © Joanna Boisse, 103p 핼러윈 © Silar, 114p 참깨꽃 © Dinesh Valke, 들깨꽃 © Dalgial, 140p 노각(위) © gghite, (아래) jang387